"十四五"普通高等教育本科部委级规划教材

U0151252

服装工艺设计

实训教程

徐利平　邓洪涛 ◎ 编著

中国纺织出版社有限公司

内 容 提 要

本教材包含三个部分：基础篇从基础缝纫工艺入手，通过基础训练使学生掌握基本的手缝或机缝工艺的操作技能；必修篇包括对基本款的服装工艺知识点的详细介绍，是学生必须掌握的知识和技能；提高篇包括对变化款的服装工艺中难度较大或者较独特的知识点和操作的介绍，使学生举一反三，从而获得服装工艺设计的能力。

本教材以实训项目的形式编写，从易到难，循序渐进，适合初学者使用。配有同步的制作视频，方便读者自学。本教材适合作为高等院校服装专业师生使用，也适合服装工艺师参考应用。

图书在版编目（CIP）数据

服装工艺设计实训教程 / 徐利平，邓洪涛编著 . --北京：中国纺织出版社有限公司，2021.6（2025.2重印）
"十四五"普通高等教育本科部委级规划教材
ISBN 978-7-5180-8616-0

Ⅰ.①服… Ⅱ.①徐… ②邓… Ⅲ.①服装设计－高等学校－教材 Ⅳ.① TS941.2

中国版本图书馆 CIP 数据核字（2021）第 108273 号

责任编辑：魏 萌 郭 沫 责任校对：王蕙莹
责任印制：王艳丽

中国纺织出版社有限公司出版发行
地址：北京市朝阳区百子湾东里 A407 号楼 邮政编码：100124
销售电话：010—67004422 传真：010—87155801
http://www.c-textilep.com
中国纺织出版社天猫旗舰店
官方微博 http://weibo.com/2119887771
三河市宏盛印务有限公司印刷 各地新华书店经销
2021 年 6 月第 1 版 2025 年 2 月第 4 次印刷
开本：787×1092 1/16 印张：13
字数：200 千字 定价：48.00 元

前 言
PREFACE

      服装工艺设计是服装款式设计和服装结构设计的后续，也是将服装设计从设计稿转化成服装的重要环节。服装工艺是服装专业知识体系中不可或缺的一部分，许多本科院校服装专业人才培养方案中，该课程是一门专业基础课程或专业必修课程。

      本教材根据本科院校服装专业学生"零基础"的特点编写。从基础缝纫工艺入手，通过一些基础训练，使学生掌握基本的手缝或机缝工艺和操作技能，为后续的服装工艺学习打下基础；第二部分是基本款的服装工艺，这些服装工艺知识点是作为服装专业学生必须掌握的知识和技能；第三部分是变化款的服装工艺，增加了一些难度较大或较独特的服装工艺，这部分内容训练学生在灵活运用之前所学的基础上，学会举一反三，从而获得服装工艺设计的能力。本教材采用实训项目的形式编写，非常适合项目化教学的开展，难度上从易到难，循序渐进，适合初学者使用。本书是一本新形态教材，书中一些重要的知识点配有制作视频，方便读者自学。

      本书分为基础篇、必修篇和提高篇，共包含18个服装工艺实训教学项目，其中实训13由林彬老师撰写；实训15和实训16由刘焘老师撰写；邓洪涛老师负责全书服装款式图的绘制和艺术审美把关。在本书撰写过程中，嘉兴莎禧弥服饰有限公司设计总监项薇西女士为实训16、实训18提供了部分素材和技术支持；嘉兴职业技术学院李春暖老师为实训3提供部分图片；在AI图片绘制过程中，得到了刘鹏林、马雨清两位老师和卢泽宜、何洁、罗真等同学的大力帮助，在此一一表示感谢。在撰写过程中参考了许多同类专业书籍，在此对这些书的作者、出版社表示由衷的感谢。本书得到嘉兴学院时尚产业产教融合省级培育项目资助（002CD1904-3-101,002CD1904-11-2018111）。

      由于撰写时间紧，书中难免出现一些疏漏和不足，敬请读者批评指正。

编著者

2020年12月

目 录
CONTENTS

1

提高篇　变化款服装工艺

基础篇

基础缝纫工艺

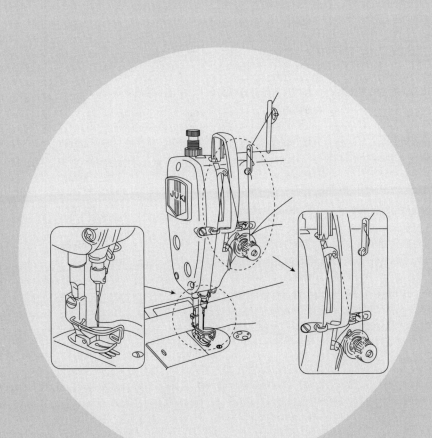

　　基础缝纫工艺是指服装制作过程中所使用的基础手段和方法，主要包含三个部分：手缝工艺、机缝工艺和熨烫工艺。正式学习服装工艺前，初学者必须先学习服装基础缝纫工艺的知识，掌握一定的缝制技能。无论手缝工艺还是机缝工艺，种类都非常多。在本章我们先学习几种服装常用手缝工艺和机缝工艺，训练初学者，使之获得一定的基本知识和动手能力，为后续服装工艺的学习打基础。本章未涉及的基础缝纫工艺和熨烫工艺将在后续服装工艺学习中，结合具体制作步骤再加以讲解。

　　本篇选择服装常用7个基础缝纫工艺进行授课。理论和实践教学课时共56课时。授课内容及课时分配见表1-1。

表 1-1　基础缝纫工艺授课内容及课时分配

授课内容	实训内容	总课时数
实训1　服装常用手缝工艺一	短绗针、打线丁、攘针等	4课时
实训2　服装常用手缝工艺二	勾针、拱针、三角针、花绷针、锁眼、钉纽	4课时
实训3　高速工业平缝机使用操作练习	高速工业平缝机使用方法，空车和带线缝纫操作练习	4课时
实训4　曲线缝制练习	常见缝型的缝制	4课时
实训5　缝型缝制练习	鞋垫缝制	8课时
实训6　围裙和袖套的缝制练习	围裙和袖套缝制	16课时
实训7　零部件的缝制练习	零部件缝制	16课时
合计		56课时

实训1 服装常用手缝工艺一

一、实训项目概述

（1）实训内容：了解手缝常用工具，学习3种常用绗针工艺。

（2）实训目的和要求：通过手缝针针法的学习，使学生了解手缝针的使用方法；通过3种绗针工艺的学习和训练，掌握绗针的操作技能。要求每位学生学会短绗针、打线丁和攃缝的手缝工艺，并进行手缝练习。

（3）知识要点：短绗针、打线丁和攃针。

（4）课时数：理论课时+实训课时，共计4课时。

（5）设备与工具：手缝针、剪刀、顶针、直尺等。

（6）教学方式：课堂讲授、演示与巡回指导结合。

（7）前期知识准备：无基础要求。

（8）材料准备：涤纶线、白棉纱线、5cm×20cm中等厚度布料14片。

二、手缝工艺常用工具认识

手缝工艺常用工具有：手缝针、顶针箍、针插、剪刀等。

（1）手缝针：是手工缝纫用的钢针（图1–1）。手缝针按长短粗细分为1至15个号型。号型小的针杆长而粗，号型大的针杆短而细，针杆粗细相同而针杆长短不同的，表示为"长度+号型"，如"长7号"表示7号针加长。一般手工操作常用6号、7号手针；缝制丝织物宜用8号、9号手针；锁眼、钉扣宜用4号、5号手针。

（2）顶针箍：由铁、铝、铜等金属制成，呈环箍状（图1–2）。顶针箍上有数行均匀的凹窝，将其戴在右手中指第一、二指节上，用以抵住针尾，推进缝针。

（3）针插：是一种插针用具（图1–3）。通常用布或呢料包裹棉花制成，呈半球状，大小直径8～10cm。小型的针插可用松紧带连接戴在手腕上。使用针插既可以使针不容易丢失，又能使针不易生锈，同时具有良好的安全作用。

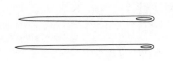

图1–1 手缝针

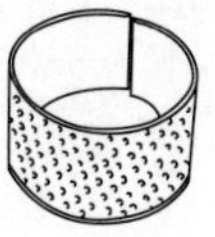

图1–2 顶针箍

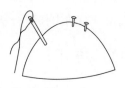

图1–3 针插

（4）剪刀：为缝纫辅助工具。应准备两种类型的剪刀：裁剪剪刀和普通小剪刀。裁剪剪刀主要用于裁布，规格有22cm、28cm、30cm等数种，较常用的为28cm的，如图1-4（a）所示。普通小剪刀主要用于开钮洞、修剪线头等，如图1-4（b）所示。剪刀要求刀刃锋利，刀尖整齐，刀刃的咬合平行且无间隙。

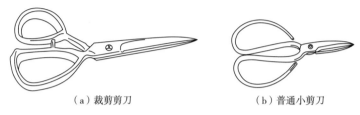

（a）裁剪剪刀　　　　　　　　　　　（b）普通小剪刀

图1-4　剪刀

三、手缝工艺操作训练一

手缝工艺是初学者必练的基本功。本实训项目先学习和练习穿针引线、打线结和捏针等手缝基本方法，然后学习和练习短绗针、打线丁和撬缝这3种绗针针法。

（一）穿针引线

把缝线穿入针尾的孔中，并把线拉出来。用线长度以拉线动作的幅度合适为宜，一般约为50cm。根据所缝纫部位或针法的需要，穿线可以有单线、双线、多股线。

（二）打线结

线结有起针结和止针结之分。起针前打结称起针结；缝纫完工或缝线用完时打结称止针结。打起针结时，左手食指、拇指捏住缝线；右手捏住线头，在食指绕一圈，再拇指向前、食指向后，使线头卷入圈内；收紧线圈，即成起针结。

打止针结时，手缝到最后一针，左手捏住最后一针上段约3cm处；捏针的右手将缝线甩成一个线圈，手针套进缝线的圈内；左手压住线圈，右手拉线慢慢收紧线圈，直至成结。要求止针结紧扣在布面上，打结后在原针迹处回入一针，将线头引入布层中。

（三）捏针

顶针箍套在右手中指第一、二节处，右手食指、拇指捏住缝针针杆的中上段，手缝时戴顶针箍的中指配合动作，顶针抵住针尾，方便运针。

（四）短绗针

短绗针也称平缝针或纳针，是一种一上一下、自右向左等距运针的针法。针距长短均匀，排列顺直整齐，可抽动聚缩（图1-5）。短绗针常常用在服装的袖山头、袋子的圆角、抽细褶等处。初学者在学习其他针法前，往往要先学习"纳布头"，指的就是这种针法。刚开始练习时，可先选择单层棉布，待熟练后再用双层布练习。

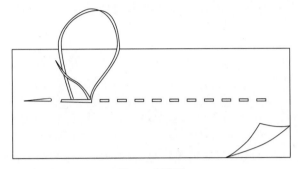

图1-5　短绗针

短绗针操作手法：左手拇指和小指放在布料的上侧，其余三指在布料的下面，拇指和食指捏住布料；右手无名指和小指也夹持布料，食指和拇指捏住手缝针，中指顶针箍顶住针尾，一针上、一针下，等距从右向左运针，左手有节奏地控制上下针距，做送布动作。连续缝五六针后，右手中指上的顶针向前推，食指和拇指将布料向后拨，拉出缝针后继续向前缝纫。

要求：针距长短均匀，缝线松紧一致，线迹顺直、整齐、美观。

（五）打线丁

打线丁是用白色棉纱线在两层裁片上做上下对应的缝制标记的一种针法。打线丁有单打线丁和双打线丁之分（图1-6）。打线丁常常用在高档毛呢服装缝制工艺中。

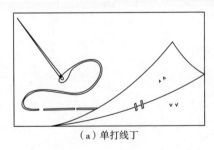
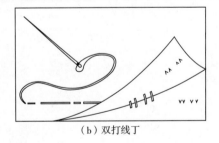

（a）单打线丁　　　　　　　　　（b）双打线丁

图1-6　打线丁

打线丁操作手法：将上下两层布料正面相对叠合，平铺于台面上，用划粉在上层布料反面画上线，标出打线丁位置；用双股白棉纱线，运针方法类似于短绗针，也是一针上、一针下运针；左手食指和中指按住打线丁的部位，右手捏针将针尖按划粉标记刺入布料，当针刺透两层裁片后即向上挑起（底层针距约为0.4cm），用左手食指按住布料，右手拔针、拉线、再进针，依次循环（如果是双打线丁的话，就连续挑起2次）。浮在布料表层的面线距离一般为4~6cm。线丁缝完后，先把表层连线剪断，再轻轻掀起上层布料，当上下层布料之间的线丁拉长为0.3~0.4cm时，从中间剪断；再将上层的线头修剪到0.2cm左右；最后用手掌按一下线丁，将其压实，防止线丁脱落。

要求：针脚顺直，缝线松紧适度，剪线丁时剪刀要对准线丁中间剪，防止剪破面料。

（六）搀针

搀针是一种用于两层或多层布料定位缝合的针法，通常用于暂时固定，在缝合工序完成后可将搀线抽掉（图1-7）。搀针一般用于服装衣片敷衬、敷挂面，在制作某些服装时，为方便袖子、衣领、下摆等缝纫，事先用搀针固定。

搀针操作手法：搀针的运针针法类似于短绗针，即一针上、一针下运针，只是显露的线迹长短与短绗针不同。搀针一般采用单根白棉纱线。操作时，先将上下两层布料对齐平铺在台面上；左手压住待缝部位，右手拿针，中指顶针顶住针尾，向下使针尖穿透两层布料，然后针尖向上挑起，顶针顶住针尾向上推，将针抽出。以此循环。

要求：针迹顺直，抽线松紧适度，针距按缝制要求，可疏可密。

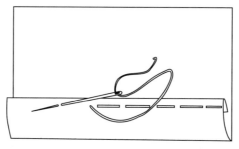

图1-7　搀针

实训2　服装常用手缝工艺二

一、实训项目概述

（1）实训内容：学习6种常用手缝工艺。

（2）实训目的和要求：通过6种手缝工艺的学习和训练，掌握勾针、拱针、三角针、花绷针、锁眼、钉纽6种针法的操作技能。要求每位学生学会这6种针法的手缝工艺，并进行手缝练习。

（3）知识要点：勾针、拱针、三角针、花绷针、锁眼、钉纽。

（4）课时数：理论课时+实训课时，共计4课时。

（5）设备与工具：手缝针、剪刀、顶针、直尺等。

（6）教学方式：课堂讲授、演示与巡回指导结合。

（7）前期知识准备：无基础要求。

（8）材料准备：涤纶线、5cm×20cm中等厚度面料24片、四眼纽扣3个。

二、手缝工艺操作训练二

（一）勾针

勾针也称回针，是一种运针方向进退结合的针法。有顺勾针和倒勾针之分。顺勾针在布料表面形成首尾相接的线迹，主要用在高档毛呢料裤子的后裆缝和下裆缝的上段，起加固作用。倒勾针在布料的表面形成交叉相接的线迹，主要用于袖窿、领圈、裤裆等斜丝容易开口的部位，起加固和收拢作用。

顺勾针操作手法：自右向左，起缝时针尖先刺透面料，再按规定的针距向上刺透面料后拔针，拉线，这为进针；拔出的针尖再后退至进针针距的一半处入针，待针尖刺透布料后再向前进针，进针的距离是退针距离的一倍。如此循环往复，在布料表面形成的线迹形态类似机缝线迹，而在布料反面形成的线迹呈交叉重叠状（图1-8）。

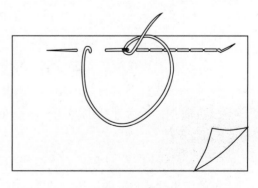

图1-8　顺勾针

7

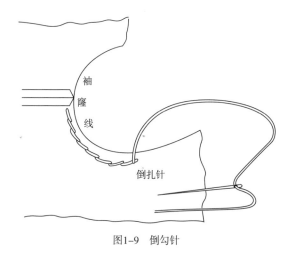

图1-9 倒勾针

倒勾针操作手法：一般是向前缝一针0.3cm，再向后缝一针1cm，也可适当调整向前、向后缝的针距。第一针先使针尖刺透衣片向前0.3cm处出针，拔针、拉线；然后针尖后退至1cm处再入针，针尖刺透衣片向前0.3cm再出针，即完成第一针。如此循环前进，形成面层针迹如链条状做部分交叉重叠，而底层线迹短、呈小珠状（图1-9）。

要求：缝线松紧度按衣片各部位归紧多少的需要灵活掌握，具有伸缩性，针距长短均匀，针迹流畅。

（二）拱针

拱针是一种将服装多层织物用小点状针迹固定住的针法。常用于西装止口、驳口边缘、手巾袋封口以及一些毛呢高档服装不缉机缝明线的挂面与衣里的固定，也有作装饰用。拱针在布料表层、底层所露的线迹均极细小，均匀排列（图1-10）。

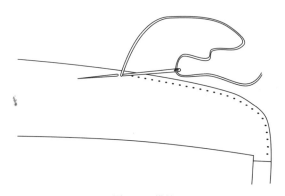

图1-10 拱针

拱针操作手法：运针先进后退，起针时将线结藏于夹层中，使针尖刺出上层布料，拔针、拉线；然后在第一针出针处稍稍退后约一根纱线的距离处入针；如此循环，自右向左，最后针结也要藏于两层布料夹层中。拱针离开衣片门襟止口0.5cm，针距0.6cm左右。

要求：针距均匀，线路顺直；缝线颜色要与面料颜色相近；上层面料上仅留几乎看不见的细小针花，但数层布料都要缝牢。

（三）三角针

三角针是一种用于拷边后的折边口固定的常见针法。三角针线迹在折边处呈V形，而在面料的正面仅留细小的点状线迹（图1-11）。

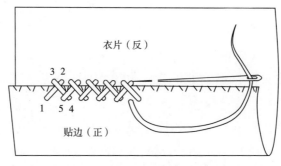

衣片（反）

贴边（正）

图1-11　三角针

三角针操作手法：起针将线结藏在夹层中，从离贴边边缘0.5cm处出针，拉线；然后针尖后退插入斜上方离贴边边缘0.1cm处的布料反面，只能缝住布料的1至2根丝，正面不能露针迹；出针、拉线后再次将针尖后退刺入贴边正面，缝住贴边的1至2根丝，前后针距0.8cm左右；如此循环往复，缝制时针尖自右向左，行针从左到右，里外交叉。

要求：缝线不松不紧，针迹呈交叉的三角形，针距及夹角均匀相等，排列整齐；用单线缝纫，且所用缝线的颜色与所缝面料相近。

（四）花绷针

花绷针与三角针操作手法相同。不同之处在于，花绷针针距小于三角针，且下针吃针长，针迹呈X形，可用于没有拷边的贴边，除了有固定折边的作用外，还有保护和装饰布边的作用（图1-12）。

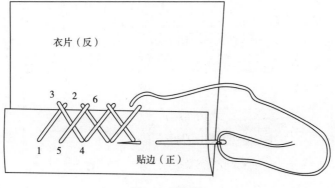

衣片（反）

贴边（正）

图1-12　花绷针

（五）锁眼

锁眼也称锁扣眼、锁纽眼。一般男装的扣眼锁在左侧，女装的扣眼锁在右侧。有机器锁眼和手工锁眼。手工锁眼根据衣料选择与衣料同色或近色的单股粗丝线或双股涤纶线。锁眼有圆头锁眼和平头锁眼两种。圆头锁眼用于锁裤子或外衣的扣眼；平头锁眼用于锁衬衣或内衣的扣眼。

圆头锁眼操作手法（图1-13）：

（1）画扣眼。在布料上画出扣眼位置。扣眼大小应考虑纽扣的厚度，按纽扣直径加放0.1～0.3cm。

（2）剪扣眼。将扣眼位置的布料对折，先从中间剪开一个小口，再沿线分别向两头剪开，在纽头部位剪成0.2cm三角形。剪扣眼需将2层面料一起剪穿。

（3）打衬线。线尾打结后，从扣眼尾部夹层中间入针，距0.3cm处出针，再从同侧扣眼头部距边0.3cm处入针，穿透2层布料后从扣眼头部另一侧距边0.3cm处出针；再从同侧扣眼尾部距边0.3cm处入针，从扣眼剪开处中间穿出。这样衬线就打好了。

（4）锁扣眼。左手拇指和食指捏住扣眼布边，使上下层不滑移，并稍微将扣眼撑开。锁眼从扣眼尾部下边起针，将针尖从布料底层向上刺入，紧靠衬线外侧穿出，不要拔针，将针尾的线由下向上绕在针上，然后将针拔出，将线向右上方倾斜45°拉紧，拉整齐。针距0.15cm左右。按此反复密锁。锁到圆头处戳针与抽线必须对准圆心，拉线倾斜角度略偏大。

（5）收尾。锁到扣眼尾端时，把针从第一针锁线圈内穿过并从衬线旁穿出，如此作两行封线，然后从扣眼中间空隙处穿出，缝两针固定封线，在反面打结，并把线结引入夹层中。

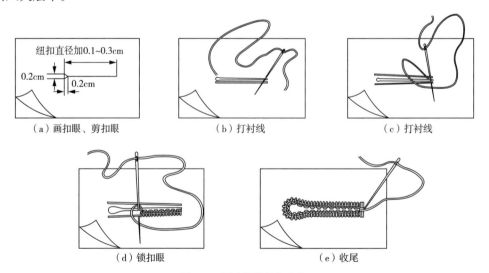

（a）画扣眼、剪扣眼　　　　（b）打衬线　　　　（c）打衬线

（d）锁扣眼　　　　　　　（e）收尾

图1-13　圆头锁眼操作手法

平头锁眼不用剪圆头，其余锁法同圆头锁眼。

要求：扣眼两边排列均匀、整齐、结实，锁结紧密。

（六）钉纽

钉纽是将纽扣缝缀、固定在服装上的工艺。常用的纽扣有两孔扣和四孔扣两种，两孔纽只能钉成一字形，四孔纽可钉成二字形、口字形或X字形（图1-14）。钉纽线可采用同色或近色粗丝线或多股涤纶线。钉纽有钉实用纽和装饰纽之分。

图1-14　钉纽形状

钉实用纽操作手法（图1-15）：从锁眼位置面料下方的夹层中起针，将线结藏于夹层；然后把针线穿入纽扣孔，再从另一个纽扣孔穿出，刺入布面，纽扣与布面之间留出松度，一般薄料留0.1~0.2cm松度，厚料留0.3~0.4cm松度；当缝三四次缝线后，用线在纽扣与布面之间缠绕数圈，绕圈应自上而下，排列整齐，绕满后将线引到反面打结；再将线结引入夹层中。

装饰扣不需要扣入扣眼，所以不用绕纽脚，只要平服地钉在衣服上即可。

要求：钉好的扣子松紧适度，周围布面平服，针迹均匀。若遇衣料很薄或纽扣过大，需再内层衬垫小布片，以加强牢度。

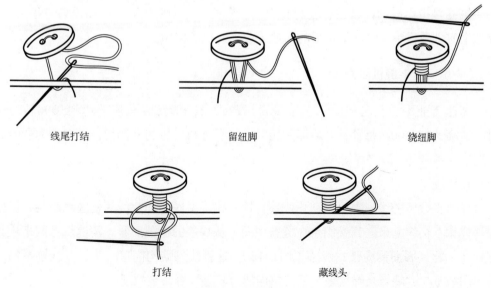

线尾打结　　　　　留纽脚　　　　　绕纽脚

打结　　　　　藏线头

图1-15　实用纽钉法

实训3　高速工业平缝机使用操作练习

一、实训项目概述

（1）实训内容：学习高速工业平缝机的使用，主要内容是设备的基本结构、使用方法等。

（2）实训目的和要求：通过学习高速工业平缝机的使用方法，使学生掌握了解设备的基本结构、使用方法和操作技能。在高速工业平缝机的学习中，要求每位学生学会开机、关机，机针、梭芯和梭芯套的安装，梭芯绕线、穿底面线，能调节底面线张力、针距，会使用膝碰压脚和回针杆，并分别进行空车和带线缝纫操作练习。

（3）知识要点：高速工业平缝机使用方法，空车和带线缝纫操作练习。

（4）课时数：理论课时+实训课时，共计4课时。

（5）设备与工具：高速工业平缝机、常用缝纫工具（镊子、大螺丝刀、小螺丝刀等）。

（6）教学方式：课堂讲授、演示与巡回指导结合。

（7）前期知识准备：无基础要求。

（8）材料准备：涤纶线、平缝机针、直线练习本、10cm×20cm面料2片。

二、高速工业平缝机简介与操作训练

机缝是指用缝纫设备进行缝制和加工。机缝工艺中要用到的缝制设备有很多种，在这个实训项目中，学习最常用的高速工业平缝机的使用。

（一）高速平缝机简介

高速工业平缝机是机缝工艺中最常用的设备。缝纫时机速可达到5000转每分钟，最高达到5500转每分钟。机器运转时，从平缝机上轮的外侧看，转向应为逆时针方向。

1.线迹

高速平缝机的线迹主要为锁式线迹。锁式线迹由底线和面线两根缝线组成，像搓绳那样相互交织起来，其交织点在缝料中间。从线迹的横截面看，两缝线像两把锁相互锁住一样，因而称为锁式线迹（图1-16）。这种线迹结构简单、坚固，线迹不易脱散，用线量少；缺点是弹性差，抵抗拉伸能力较小，容易被拉断。

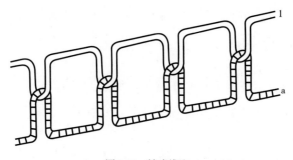

图1-16　锁式线迹

2.构造

高速工业平缝机一般由机头、机座、传动和附件四部分组成，其主要组成如图1-17所示。

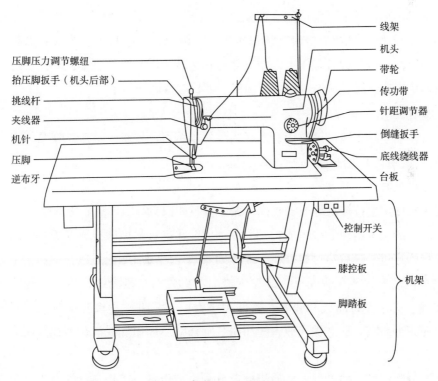

图1-17　高速工业平缝机构造图

机头是缝纫机的主要部分，由机箱（内有刺料、钩线、挑线、送料四个机构）、挑线杆、针杆、压脚、针距调节器、倒缝扳手、线架、底线绕线器等部件组成，在缝纫过程中各司其职，将缝制工作顺利进行。

机座通常由台板（下有抽屉、贮油箱）、机架、脚踏板三部分组成。台板起着支撑机头的作用，缝纫操作时当工作台用。机架是机器的支柱，支撑着台板，使台板平稳。

缝纫机的传动部分由带轮、传动带、电动机、开关等部件构成。使用时操作者踩动脚踏板，通过曲柄带动皮带轮旋转，又通过皮带带动机头旋转。

3. 注意事项

（1）机器运转时，不要将手放在针的下部和挑线杆罩内。

（2）机器运转时，不要将手指、头发或其他东西靠近或接触上轮、"U"型皮带、绕线轮和电机。

（3）人离开机器时，关掉电源。

（4）一人一机，爱护公物。

（二）缝纫机操作训练

1. 空车运转训练

先练习半小时空车，稍微能掌握机速。摁下控制开关"ON"，开机；摁下控制开关"OFF"，关机。机针不带线，抬起压脚，右脚放在脚踏板上，脚尖轻点脚踏板前端，驱动机器运转；脚后跟压下，使机器停止运转。反复练习，体验如何通过脚踏板驱动和停止机器运转。目标：能控制针杆上下1~2针即能停下。

2. 踏直线

练习在纸上踏直线，可选用有直线的练习本练习。要求：针迹踏在直线上，练习2张纸；针迹踏在离直线0.1cm处，练习2张纸。

3. 穿线练习

要求每位学生按规范练习绕底线、安装梭芯和梭壳、穿面线、引底线。

平缝机的线迹由两股线组成：一股称为面线（缝纫后面线显露在缝料的上表面），从穿线机构穿过，最后穿过机针；一股称为底线（缝纫后底线显露在缝料的下表面），底线绕在梭芯上，装在梭壳里，放在旋梭上。机壳右边是绕线机构，绕底线用。带线操作前，必须穿好面线和底线，操作顺序为：安装机针、梭芯绕线、梭芯装入梭壳、底线张力调节、梭芯梭壳放入缝纫机、穿面线、引出底线、调节面线张力、调节针距。

（1）安装机针：转动上轮，使机针上升到最高位置，旋松夹针螺钉，将机针的长槽朝向操作者的左面，然后把针柄插入针杆下部的针孔内，使其碰到针杆孔的底部为止，再旋紧夹针螺钉。机针常用型号有9#、11#、14#。在缝纫时，底面线不能连续交织在一起形成的线迹称为跳线。产生跳线的原因一般有机针安装的方向不正确、机针安装未顶到装针孔的顶部、机针弯曲、针杆移位（断针后常易发生）等。

（2）梭芯绕线：在机器的右边，有绕线机构，是用来绕底线的（图1-18）。将梭心插在绕线轮轴承6上。由线固引出的线，先穿入过线架3的线孔中，再夹入两块夹线板4的中间。然后把线头在梭心上绕几圈，把满线跳板1向下揿压，绕线轮轴承6即压向皮带，在缝纫过程中就能自动绕线，梭心绕满线后能自动停止。不缝纫只绕线时，一定要将压脚抬起，防止磨平牙床。

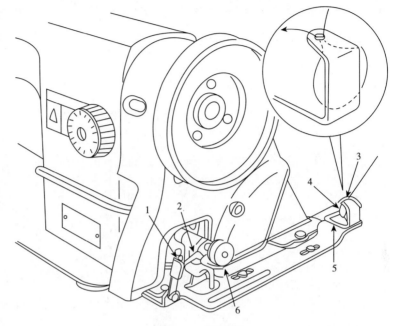

图1-18 梭芯绕线

（3）梭芯绕线松紧的调节：梭心线的线面应排列整齐和紧密，如果松浮而不紧，可以加大夹线板4的压力，如果排列不齐，则要对过线架3的位置进行调整。调整时，先松开过线架3紧固螺钉5，向右或向左移动过线架3，使之能自动排列整齐后，再旋紧紧固螺钉5即可。梭心线不要绕得过满，否则容易散落。适当的绕线量为平行绕线到梭心外径的80%。绕线量由满线跳板1上的满线度调节螺钉来调节。

（4）梭芯装入梭壳：拿住梭心，使梭心对着练习者的一侧线是自上而下，并把它放入梭壳中。将线通过梭壳上的线槽拉出，再通过夹线簧下将线从线孔内引出。拉动底线，梭心应按逆时针方向转动。

（5）底线张力的调整：用小号螺丝刀旋转梭壳上的螺钉，顺时针转动夹针螺钉，底线张力便加大；反之，则减少。检验底线张力是否合适的标准是：将绕好底线的梭芯放入梭壳，拉出线头，在悬垂状态下抖动梭壳，如果随着抖动能拉出一小段底线，不动时，不会因为梭芯自重拉出底线，则表明底线张力是合适的。

（6）梭芯梭壳放入缝纫机：打开梭壳上的梭门盖，梭心应不落出。拉住梭门盖，把梭壳完全插到旋梭的轴上，并关上梭门盖。扳开梭门盖，即能取出梭壳。注意：装梭芯前，应确保已拉出底线线头150mm以上，否则会出现引不上底线的问题。

（7）穿面线：穿引面线时针杆应位于最高位置，然后将线架上的线按顺序穿引。穿过机头顶部的插线钉，再经过三眼线钩（或双眼线钩）的线孔，向下套入夹线器的夹线板之间，再钩进挑线簧，绕过缓线调节钩，向上钩进过线环，穿过挑线杆的线孔，再向下钩进过线环及针杆线钩，将缝线由左向右穿过机针的针孔，并引出约100mm的线备用，如图1-19所示。

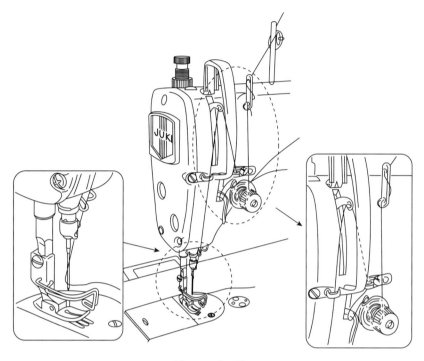

图1-19　穿面线

（8）引底线：先轻轻捏住面线线头，转动上轮使针杆向下移动，待其再升到回程最高位置，然后拉起捏住的面线线头，底线即被牵引上来，最后将面、底线线头，一起置于压脚下前方。

（9）面线张力调节：面线的张力要根据缝料的差别、缝线的粗细及其他一些因素而变动。实际使用中，是依据缝纫出来的线迹，来调整底、面线的张力，使之得到正常的线迹。面线张力以底线张力为基准，先调节底线张力，使底线张力确定在合适的状态；然后，通过试缝观察面、底线的交接点所处的位置，来确定面线张力需加大或减小，调节夹线器螺母，直到面底线的张力均衡。线迹不正常的时候，会出现缝料起皱、断线和浮线等现象，应对底、面线的张力加以调节，使之达到正常的线迹（图1-20）。

①当张力均衡时，面线和底线的交接点在两层面料之间时，是正确的线迹。

②当面线和底线的交接点出现在上层面料一侧，说明面线太紧，底线太松，则应逆时针旋转夹线螺母，放松面线的压力，或用小螺丝刀旋紧梭壳螺钉，加大底线的压力。

③当面线和底线的交接点出现在下层面料一侧，说明面线太松，底线太紧，则应

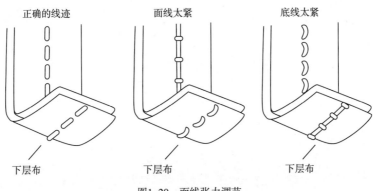

图1-20　面线张力调节

顺时针旋转夹线螺母，加大面线的压力或用小螺丝刀旋松梭壳螺钉，减小底线压力。

④当面线或底线的线迹有明显的线缝隆起浮在缝料的表面，这种现象称为浮线。浮线应顺时针旋转夹线器螺母，以加大面线张力；同时，顺时针旋转锁芯上的螺丝，以加大底线张力。

（10）针距调节：针距是按送料方向机针两次穿过缝料的间距，即每个线迹的长度。针距的长短，可以转动针距盘来调节，针距标盘上的数字表示针距长短尺寸（单位：mm）。从大到小改变送料刻度时，应一边将倒送料扳手朝下压，一边转动针距标盘。

（11）抬放压脚：在缝纫时需把面料压紧。缝料在压脚与送布牙之间需要一定的压力称为压脚压力。送布牙比针板高出0.7~0.8mm，在缝纫时把面料向前送出。把压脚抬高有两种方法：转动压脚扳手，可将压脚保持在抬起位置，要降下压脚，可将扳手放回原来位置；推动膝提压脚。

（12）倒送料操作：将倒送料扳手朝下压到达需要的长度，松开手即恢复到顺送料状态。

4. 带线缝纫练习

要求每位学生练习：调节底线和面线张力，使底面线张力达到平衡；调节针距；抬放压脚；回针。

每位学生裁剪10cm×20cm面料2片，边沿对齐双层叠放。按规范穿好底面线，调节好缝线张力和针距。抬起压脚，将面料放置在针板上，压下压脚，在面料上踩直线，在直线两端打上2cm的回针（图1-21）。

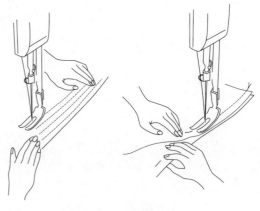

图1-21　带线缝纫练习

实训4　曲线缝制练习

一、实训项目概述

（1）实训内容：学习操作高速工业平缝机缝纫曲线。

（2）实训目的和要求：通过使用高速工业平缝机缝制鞋垫的操作练习，使学生掌握曲线的缝制方法和操作技能。在此实训项目中，要求每位学生自行裁剪，并用曲线缝制一只鞋垫。

（3）知识要点：使用高速工业平缝机缝制曲线的方法和技能，曲线缝制鞋垫1只。

（4）课时数：理论课时+实训课时，共计8课时。

（5）设备与工具：高速工业平缝机、常用缝纫工具。

（6）教学方式：课堂讲授、演示与巡回指导结合。

（7）前期知识准备：要求有高速工业平缝机使用的基础知识。

（8）材料准备：涤纶线、稍厚一些的面料少许；斜料滚边布少许。

二、踩鞋垫操作训练

（1）按鞋样剪好鞋垫，一般6~8层。

（2）先在中间踩一条直线，固定各层。

（3）沿鞋垫边缘开始踩，逐渐踩到内层，要求线迹排列整齐，转弯圆顺。

（4）将斜料滚边布分2次滚于鞋垫四周。

（5）将踩好的鞋垫边缘修剪整齐。

实训5　缝型缝制练习

一、实训项目概述

（1）实训内容：学习缝型的缝制方法。

（2）实训目的和要求：通过缝型的缝制练习，使学生学会缝型的缝制方法和操作技能。要求每位学生自行裁剪5～6片面料，任选择5种常用缝型进行缝型缝制练习。

（3）知识要点：使用高速工业平缝机缝制常见缝型5种的方法和技能。

（4）课时数：理论课时+实训课时，共计4课时。

（5）设备与工具：高速工业平缝机、常用缝纫工具。

（6）教学方式：课堂讲授、演示与巡回指导结合。

（7）前期知识准备：要求有高速工业平缝机使用的基础知识。

（8）材料准备：涤纶线、中薄厚度面料少许。

二、缝型的裁剪

选择全棉、涤棉等中薄厚度的面料，裁剪6cm×25cm大小的面料5～6片（图1-22）。

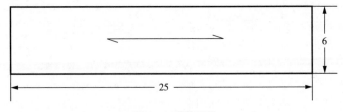

图1-22　裁剪面料

三、常用缝型的缝制方法

（一）平缝

平缝是机缝中最基本、使用最广泛的一种缝型，肩缝、摆缝、裤子的侧缝等都是用平缝。操作要领：取两片布料正面叠合，边沿对齐；以1cm为缝份缉缝，起针和止针均需倒针；缝合后，将两片布料展开，正面没有缝份，反面有毛缝（图1-23）。

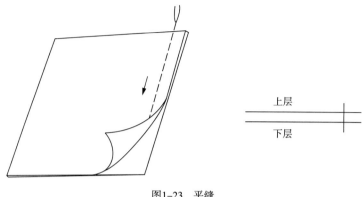

图1-23　平缝

（二）来去缝

来去缝是一种将布料正缝反压后，布料正面不露明线的缝型，多用于薄料服装的肩缝、摆缝等缝纫。操作要领：来缝，先将两片布料反面叠合，布边对齐，沿边0.3cm缉第一道线；修剪，将缝份修剪整齐；去缝，修剪后翻转布片，使两层布片正面相对，将缝边扣齐，沿翻折边按0.6cm缉第二道线（图1-24）。

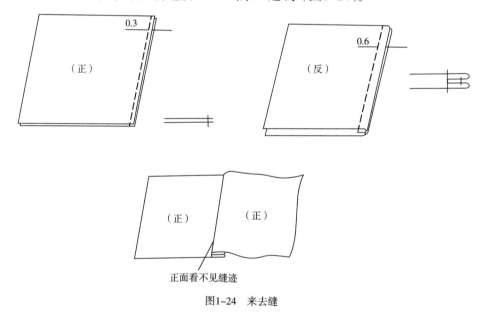

图1-24　来去缝

（三）卷边缝

卷边缝是一种将布料毛边做两次翻折卷光后缉缝的缝型，多用在衬衣的下摆、袖口边、脚口边。操作要领：取一片布，反面向上，将需卷缉的一侧先折0.5cm的折边，再折1cm，用压脚压住；在卷边内侧沿边辑0.1cm止口线（图1-25）。

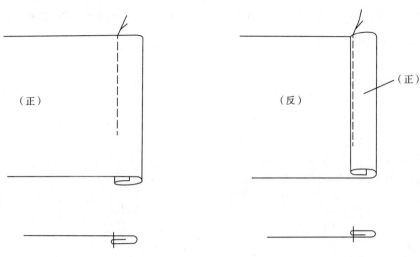

图1-25 卷边缝

（四）内包缝

内包缝在布料正面看明线呈单线，常用于夹克衫、平角裤等。操作要领：将两层布料正面相对叠合，下层布料缝份放出0.8cm包转上层，沿边0.7cm缉第一道线，将下层包转的布料也缉住少许；再把包缝向有毛边处坐倒，从衣片正面沿边0.6cm缉第二道线（图1-26）。

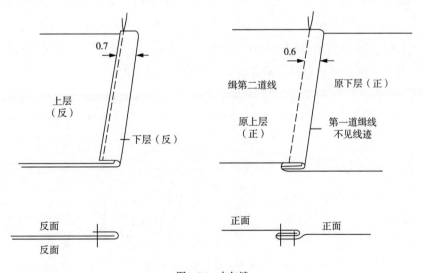

图1-26 内包缝

（五）外包缝

外包缝从正面看呈双线，常被用于夹克衫等。操作要领：将两层布料反面相叠，下层布料放出0.8cm包转上层，沿边0.7cm缉第一道线；将包缝缝份折转扣齐，从衣片正面沿边0.1cm缉第二道线（图1-27）。

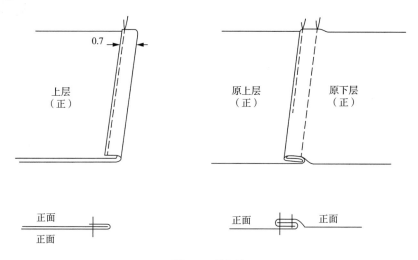

图1-27 外包缝

（六）滚包缝

滚包缝是一种缝缉一道线即把两层布料的毛边包光的缝型，多用于薄料制作的服装。操作要领：取两片布料，正面相对叠放，下层布料毛边超出上层1cm；将下层布料长出的部分向内翻0.4cm，再将其边折转约0.6cm宽，形成宽约0.6cm的包折边，用压脚压住，起缝；沿包折边内侧边沿0.1cm缉缝一道止口，缉缝后上下层衣料的毛边均被包在折边内，拉开两层布料，则正面不显线迹（图1-28）。

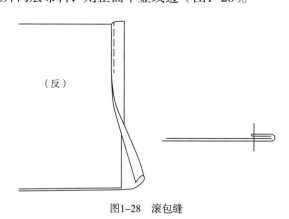

图1-28 滚包缝

实训6　围裙和袖套的缝制练习

一、实训项目概述

（1）实训内容：围裙和袖套的缝制方法。

（2）实训目的和要求：通过围裙和袖套的缝制练习，使学生学会围裙和袖套的缝制方法和操作技能，提高平缝机的操作技能。要求每位学生从下列2款围裙中任选1款，自行裁剪和缝制1条围裙和1对袖套。

（3）知识要点：使用高速工业平缝机缝制围裙和袖套的方法和技能。

（4）课时数：理论课时+实训课时，共计16课时。

（5）设备与工具：高速工业平缝机、电熨斗、常用缝纫工具。

（6）教学方式：课堂讲授、演示与巡回指导结合。

（7）前期知识准备：要求有高速工业平缝机使用的基础知识。

（8）材料准备：涤纶线、中薄厚度面料少许，130cm橡筋长1根。

二、熨烫工具及熨烫工艺

从本实训项目开始，需要使用熨烫工艺。熨烫是指采用专用工具或设备，对缝制物通过加温、加压等，使之变形或定型的工艺手段。熨烫工艺会使用电熨斗、喷水壶、垫呢、烫凳等。

（一）常用的熨烫工具

1. 电熨斗

电熨斗是熨烫的主要工具。电熨斗有普通电熨斗、喷水调温蒸汽电熨斗、全蒸汽电熨斗等。电熨斗的功率一般在300～1200W。

2. 垫呢

垫呢熨烫时垫在衣物下面。一般采用1至2层毛毯或棉毯，上面包一层白粗棉布后垫在桌上。

3. 铁凳

铁凳是熨烫时的一种衬垫用具，用铁制成，凳面铺棉花，外包白棉布扎紧。通常用于服装肩缝、袖窿等不能放平的部位。

4. 长烫凳

用木料制成，上层木板上方铺棉花，用白布包紧。用于熨烫已缝成圆筒形的缝子，如裤子或裙子侧缝、袖缝等。

5. 喷水壶

能把水均匀地喷洒在需要熨烫的部位，使熨烫效果更佳。主要在普通电熨斗熨烫时使用。

（二）常用的熨烫工艺

常用的熨烫工艺有平烫、拔烫、归烫、分烫和扣烫等。

1. 平烫

平烫是指将衣物放在垫衬物上，用力均匀地移动熨斗，只将衣料烫平整，不使衣料拉长或归拢。

2. 拔烫

在拔烫部位喷上水花。拔烫时，一手握住熨斗，一手拉住衣片拔开部位，用力将熨斗向拔开方向熨烫。

3. 归烫

在归烫部位喷上水花。归烫时，一手握住熨斗，一手把衣片向归拢的部位推进，用力将熨斗向归拢的方向熨烫。

4. 分烫

分烫也叫分缝熨烫。分烫时，左手将缝份边分开边后退，右手握熨斗，使熨斗尖向前烫平，达到分缝平整的效果。

5. 扣烫

扣烫时，左手将所需扣烫的衣缝边折转边后退，右手握熨斗，使熨斗尖跟着折转的缝份向前移动，然后将熨斗底部用力来回熨烫。用于裤腰、底边折边等部位。

三、围裙和袖套的裁剪

选择棉布等中薄厚度的面料，按袖套的尺寸和围裙的样板裁剪。

袖套：裁剪长45cm、宽40cm的矩形布料2片。准备130cm的橡筋1根，剪成28cm长2根，37cm长2根备用。

图1-29为男围裙毛样板裁剪图，图1-30为女围裙毛样板裁剪图，可从中任选一款裁剪。

图1-31为男围裙排料图，面料幅宽144cm，采用2条套排方法比较省料，图中所排为2条围裙和2对袖套。图1-32为女围裙排料图，面料幅宽144cm，图中所排为1条围裙和1对袖套。

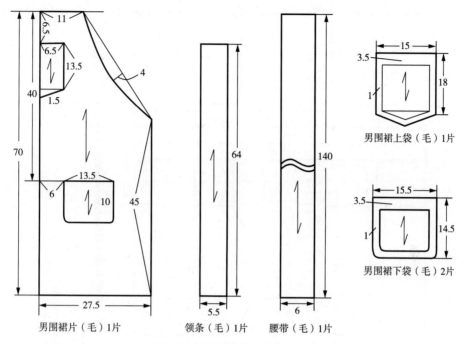

图1-29 男围裙毛样板裁剪图

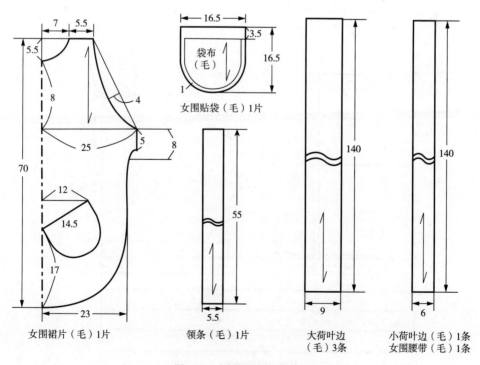

图1-30 女围裙毛样板裁剪图

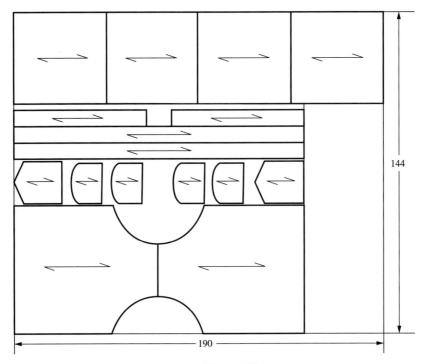

图1-31　男围裙排料图

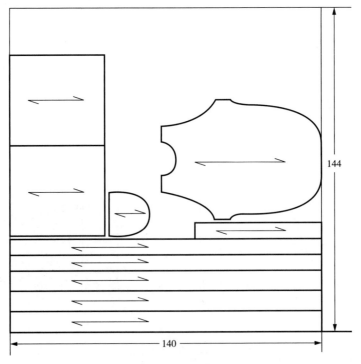

图1-32　女围裙排料图

四、袖套的制作

（1）用来去缝把袖套的两侧拼合起来，使之形成筒状。

（2）用1.5cm宽的卷边缝把袖套筒的两头做光，留一个1.5cm小口子不缝。注意留小口子处要避开来去缝位置。

（3）从小口子中穿入松紧带，一头穿入37cm松紧带，另一头穿入28cm松紧带，打结。

（4）用平缝把穿橡筋的口子封死。注意缝线要重针2cm以上。

五、女围裙的制作

（1）取长140cm×6cm裁片，将裁片一侧缝卷边缝，做成荷叶边。注意：卷边缝越窄越好。一侧卷边缝后，将另一侧等距离打好褶裥。

（2）将袋布上口做2.5cm宽卷边缝，按口袋样板扣烫袋布，插入荷叶边后缝0.1cm止口贴口袋。

（3）将3根140cm×9cm宽条荷叶边正面相对，首尾相接平缝，劈缝熨烫缝份。将连接好的布条一侧做卷边缝。

（4）将荷叶边等距离打褶，缉缝在围裙的圆摆上。从一侧腰带下方开始到另一侧腰带下方。将缝份折向反面，并在围裙上缉0.1cm直线。

（5）将55cm×5.5cm领条与围裙上端拼接。

（6）用卷边缝做好袖窿边和领围边。

（7）取140cm×6cm裁片，四周做0.6cm卷边缝，把带子贴缝在围裙腰带部位。

六、男围裙的制作

（1）用2.5cm的卷边缝做好3个贴袋的袋口，按口袋净样扣烫贴袋袋布。

（2）将烫好的袋布平贴在围裙袋位处，缉0.1cm止口贴缝袋布，起针和结束两处要回针。

（3）用0.5cm卷边缝将围裙四周毛边缝好。

（4）取64cm×5.5cm领条裁片，将两侧长边做0.5cm卷边缝。

（5）将两头短边的毛缝扣光，缉缝在围裙上端。

（6）取140cm×6cm腰带裁片，四周做0.5cm卷边缝，然后将其贴缝在围裙腰带处。

实训7　零部件的缝制练习

一、实训项目概述

（1）实训内容：零部件的制作练习。

（2）实训目的和要求：通过女裤侧袋和男裤嵌线袋的缝制练习，使学生学会这2种零部件的缝制方法和操作技能，提高平缝机的操作技能。要求每位学生自行裁剪和缝制女裤侧袋和男裤嵌线袋各1个。

（3）知识要点：使用高速工业平缝机缝制服装零部件的方法和技能。

（4）课时数：理论课时+实训课时，共计16课时。

（5）设备与工具：高速工业平缝机、常用缝纫工具。

（6）教学方式：课堂讲授、演示与巡回指导结合。

（7）前期知识准备：要求有高速工业平缝机使用的基础知识。

（8）材料准备：涤纶线、中厚面料50cm，中薄面料50cm。

二、女裤侧袋的制作

（1）裁剪：用中厚面料裁剪模拟裤片2片、袋垫布1片，用中薄面料裁剪袋布1片，如图1-33所示。

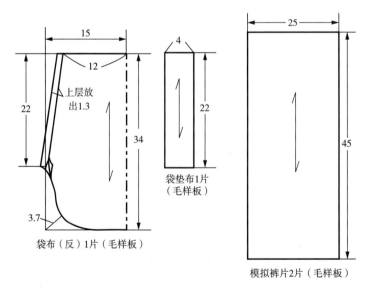

图1-33　女裤侧袋毛样板裁剪图

（2）粘衬：在模拟前裤片开袋位置的反面粘上无纺黏合衬。

（3）缝合侧缝：将模拟前片和模拟后片正面相对，留出袋口位置不缝，其他沿边1cm缉缝，两头倒回针，劈缝熨烫侧缝，如图1-34（a）（b）所示。

（4）口袋：先将袋垫布缝在口袋布的正面，然后来去缝缝袋底，两端倒回针，如图1-34（c）（d）所示。

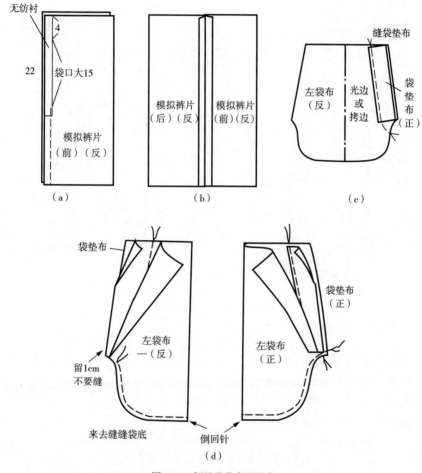

图1-34 侧缝及袋布的准备

（5）将袋布袋口线并齐，搭缝缝合。按袋口线折转，沿袋口线缉双止口（图1-35）。

（6）把缝上袋垫布的袋布与后片缝合，缝线尽量靠近侧缝，但不能缝住前袋口（图1-36）。

（7）封袋口：将袋布摊平后，用倒回针封上袋口和下袋口。

（8）将袋布上端缝在模拟裤片上。

29

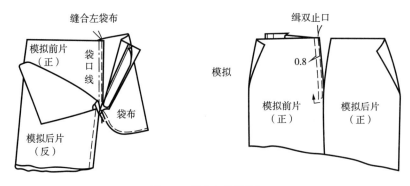

图1-35　袋布与前片缝合

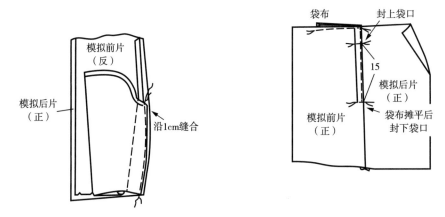

图1-36　袋布与后片缝合

三、男裤嵌线袋的制作

（1）裁剪：20cm×25cm裤片1片，44cm×18cm袋布1片，5cm×18cm袋垫布1片，4cm×18cm嵌线布2片，如图1-37所示。

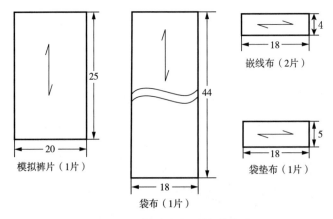

图1-37　男裤嵌线袋毛样板裁剪图

（2）在裤片正面画出口袋位置：在裤片上往下8cm处画上袋口的位置，袋口长14cm、宽1cm。

（3）粘衬：在袋口反面粘衬，嵌线布反面粘衬，对折烫，在嵌线布上画上长14cm、宽0.5cm的线。

（4）缉缝嵌线：将袋布垫在裤片下面，袋布上口超过嵌线2cm，如图1-38所示。

（5）将嵌线布与裤片正面相对，对准袋口线，缉一条与袋口等长的线，两端倒车固定。

（6）袋口：沿口袋中线剪开，两端剪成三角，要剪到位但不能剪断缉线。

（7）封三角：将开线翻向裤片反面烫平，掀起裤片封三角。

（8）缝垫袋布。

（9）将袋布两边用来去缝缝合。

（10）固定上嵌线布及袋布，如图1-39所示。

（11）剪掉腰线余量，要求嵌线布上下左右宽度一致、四角方正。

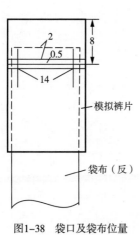

图1-38 袋口及袋布位量

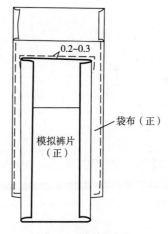

图1-39 嵌线袋封口

必修篇

基本款服装工艺

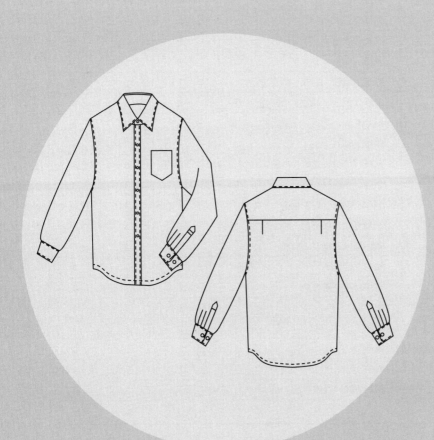

本篇所选内容是学习服装工艺的必修内容。本章选择下装和上装中5个基本款进行服装工艺理论和实践教学。将服装工艺中最基本的知识点分解在这5个实训项目中,通过共计96学时的理论和实践教学,使学生掌握基本的服装工艺要点和制作技能,并能灵活运用在其他款式的服装工艺设计中。

本篇选择直身裙、男西裤、女衬衣、男衬衣、女西服5个最基本的服装款式进行授课。理论和实践教学课时为96课时。授课内容及课时分配见表2-1。

表2-1　基本款授课内容及课时分配

授课内容	实训内容	理论课时	实践课时	总课时数
实训8　直身裙制作工艺	裁剪、粘衬、包缝	1	3	4
	省道、拉链、开衩	1	3	4
	绱腰头、整烫、手工	1	3	4
实训9　男西裤制作工艺	裁剪、粘衬、包缝	1	3	4
	省道、嵌线袋	1	3	4
	斜插袋、裤裆、拉链	1	3	4
	绱腰头、整烫、手工	1	3	4
实训10　女衬衣制作工艺	裁剪、粘衬	1	3	4
	省道、做领、袖衩、袖克夫	1	3	4
	肩缝、绱领、绱袖、合摆缝	1	3	4
	绱袖克夫、下摆、锁眼钉扣、整烫	1	3	4
实训11　男衬衣制作工艺	裁剪、粘衬	1	3	4
	贴袋、门襟、过肩	1	3	4
	做领、做袖衩	1	3	4
	绱领、绱袖、做袖克夫	1	3	4
	绱袖克夫、卷下摆、锁眼钉扣、整烫	1	3	4
实训12　女西服制作工艺	裁剪面料、里料、衬料	2	2	4
	粘衬、打线丁	2	2	4
	拼接前片、做大袋	2	2	4
	做挂面	2	2	4
	绱领	2	2	4
	做袖	2	2	4
	绱袖	2	2	4
	锁眼钉扣、熨烫	2	2	4
合计		32	64	96

实训8　直身裙制作工艺

　　裙子的款式和分类方法有很多种。在这个实训项目中，选择最典型的直身裙工艺讲授。直身裙的款式特征为腰臀部合体，下摆顺臀围而下包裹于人体之上。裙前后片各4个腰省，后片后中缝有拉链开口和裙开衩，绱腰。直身裙款式如图2-1所示。直身裙款式虽然简练，但其制作工艺基本上包括了一般裙子的制作要点，因此选用直身裙作为基本款裙装制作的实验项目。

图2-1　直身裙款式图

一、实训项目概述

　　（1）实训内容：直身裙的制作工艺，主要内容包括纸样绘制方法、放缝方法、排料方法、工艺流程及缝制方法。

　　（2）实训目的和要求：通过直身裙制作工艺的学习，使学生掌握直身裙制作工艺的知识和技能。要求每位学生独立裁剪和制作直身裙1条。

　　（3）知识要点：腰省、裙衩、隐形拉链、绱裙腰、三角针、裙篐。

　　（4）课时数：理论课时+实训课时，共计12课时。

　　（5）设备与工具：高速工业平缝机、三线包缝机、电熨斗及缝纫工具。

　　（6）教学方式：课堂讲授、演示与巡回指导结合。

　　（7）前期知识准备：高速工业平缝机的使用技能、三线包缝机的使用技能、直身裙结构设计。

　　（8）材料准备：

　①面料：幅宽144cm，长度为腰围规格+5cm。

　②衬料：无纺衬约50cm。

　③辅料：配色涤纶线、配色隐形拉链1根、裙钩1对。

二、纸样绘制

直身裙成品规格见表2-2，纸样绘制方法如图2-2所示，按此结构图绘制得到直身裙的前片、后片和裙腰的净样板。

表2-2　成品规格表（号型160/68A）　　　　　　　　单位：cm

部位	臀围	裙长	腰围	臀高	腰头宽
尺寸	96	60	68	17	3

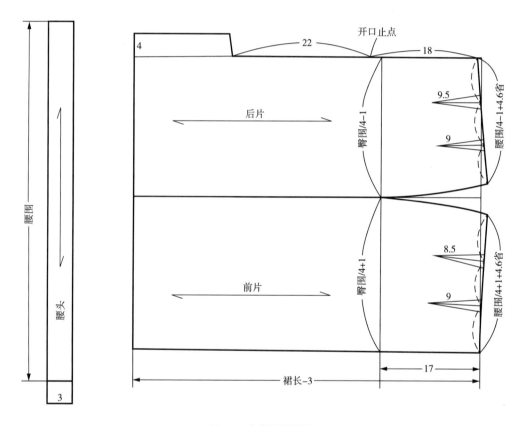

图2-2　直身裙结构图

三、放缝与排料

（一）放缝

在直身裙净样板的基础上，如图2-3所示，放出裙前片、后片和腰头的缝份与裙下摆贴边。沿图2-3的外轮廓线剪下，便得到了直身裙的毛样板。在每块毛样板上标注其部位、纱向及裁剪的片数，以此作为裁剪的依据。

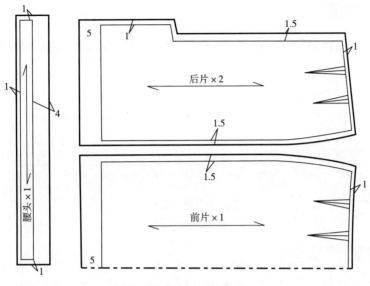

图2-3　直身裙毛样板图

（二）排料与裁剪

适合做直身裙的面料种类很多，面料的幅宽也有多种规格。在此选择常用面料幅宽72cm×2（"双幅"面料）。按照毛样板上所标注的裁剪片数及纱向要求，将其排列在面料上，沿外轮廓线画样裁剪，如图2-4所示。

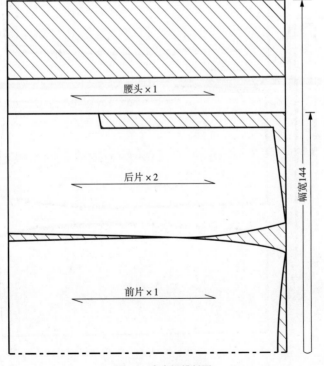

图2-4　直身裙排料图

四、工艺流程

直身裙工艺流程如图2-5所示。因考虑初学者的因素，此工艺流程按照缝制的步骤设置。

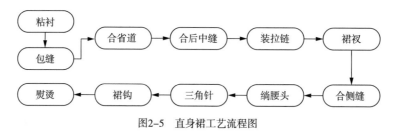

图2-5　直身裙工艺流程图

五、缝制步骤与方法

（1）画出净缝线（或打线丁）：在裙片的省道、侧缝、后中缝、下摆及后开衩部位画出净缝线（或打线丁）。

（2）粘衬：在后中装拉链的开口部位及开衩部位粘无纺衬，腰头按净样板粘无纺衬，如图2-6所示，图中的小点表示无纺衬。

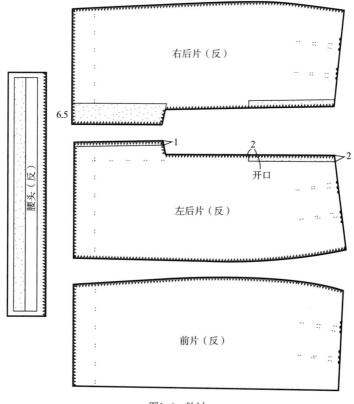

图2-6　粘衬

（3）包缝：将粘好无纺衬的裙片用包缝机包缝，包缝时裙片正面向上。

（4）合省道：按省道中心线将省道对折，沿着省道净缝线，在裙片反面缝合前、后裙片的省道，注意省尖一定缝尖，如图2-7所示。

（5）合后中缝：从开口止点向下，按后中净缝线缝合两个后裙片，缝至开衩处转弯，距裙衩边沿1cm的位置停止，如图2-7所示。

（6）烫省缝、归拔裙片：将裙片上的省缝向中心方向烫倒，至省尖位置时，用手向上推着省尖熨烫，以免这个部位的纱向变形，裙片的侧缝臀凸位置归拢，如图2-7、2-8所示。

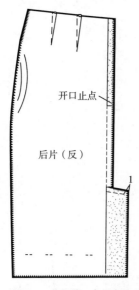

图2-7　合省道、合后中缝

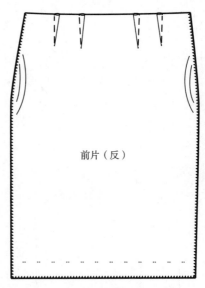

图2-8　归拔裙片

（7）劈烫后中缝：将后中缝劈缝熨烫，至裙开衩处无法劈烫时，将左后裙片拐角处的缝份剪开，如图2-9所示。

（8）缉拉链：用专用隐形拉链压脚将拉链与左右后片开口处的缝份缝在一起，在缝隐形拉链时，缝线尽可能地靠近拉链齿，同时要尽可能拉开卷曲的拉链齿防止被缝线缝住，如图2-10所示；缝好一边的拉链后，要进行试拉，如果链齿被缝住，应及时调整。

（9）缝合侧缝、劈缝熨烫：按1.5cm缝份缝合侧缝，将两侧侧缝劈缝熨烫。

（10）扣烫底边、缉裙衩贴边：先将裙衩及裙底折边折烫好，右侧裙衩沿后中缝反折，在裙底边净缝线处缝合，左侧裙衩沿裙底边反折，在距裙衩边沿1cm处缝合；缝合后分别将左右裙衩翻正熨烫，如图2-11所示。

（11）烫腰头：将腰头反面向上，腰面边沿向腰头反面折上1cm熨烫，再折上3cm烫出腰宽，如图2-12所示。

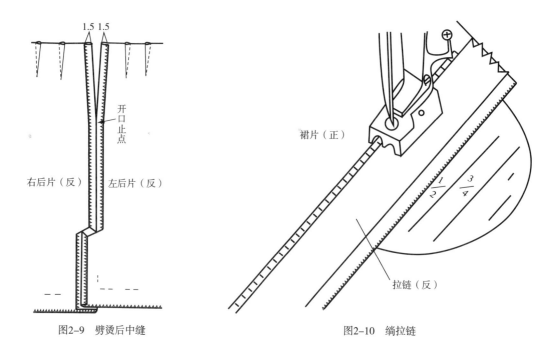

图2-9　劈烫后中缝

图2-10　绱拉链

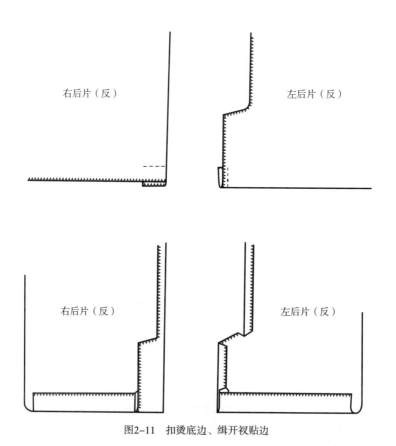

图2-11　扣烫底边、缉开衩贴边

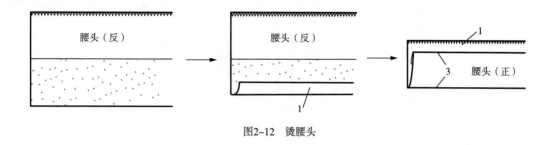

图2-12 烫腰头

（12）绱腰头。

①将腰头的正面与裙身的正面相对，腰面与裙身上腰的位置边沿对齐，沿边1cm将腰头绱在裙身上（腰头两端须分别超出裙身1cm和4cm，作为腰自身缝合两端时的缝份和腰头里襟，即装裙钩的重叠部分），如图2-13（a）所示。

②将腰头正面朝里，两端距离腰边1cm绱住。

③将腰头正面翻出来，烫平。

④在正面的腰口缝里绱缝一道线，将腰面和腰里缝住，缝至腰头超出裙身时，将超出部分的腰里折光，同时绱线从腰口缝移至在腰头上绱0.1cm止口，缝纫时，要注意拉住腰里，防止腰面和腰里送布不同步形成扭曲，如图2-13（b）所示。

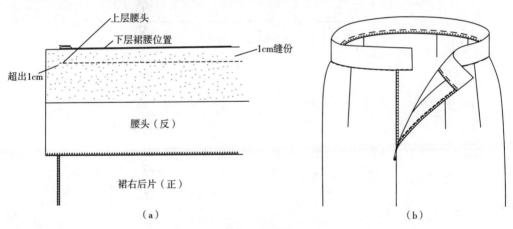

图2-13 绱腰头

（13）钉裙钩：在开口处钉好裙钩，如图2-14所示。

（14）裙底边缝三角针：裙底边向上折烫，缝三角针固定底边，如图2-15所示。

六、评分标准

（1）选用面料合理（10分）。

（2）腰头左右对称、宽窄一致、平顺（20分）。

（3）装拉链处平整，拉链不外露（20分）。

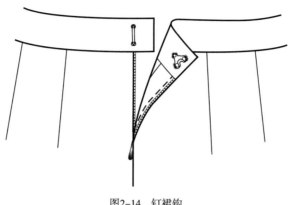

图2-14　钉裙钩

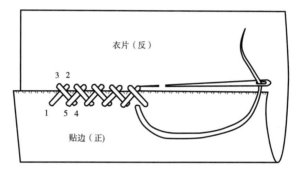

图2-15　裙底边缝三角针

（4）裙衩平整，长短一致（20分）。

（5）规格尺寸符合设计要求（10分）。

（6）线迹顺直，无跳线、浮线，线头清剪干净（10分）。

（7）成衣整洁，各部位熨烫平整（10分）。

实训9　男西裤制作工艺

裤子是最常见的下装品种，款式和分类方法有很多。在这个实训项目中，选择最典型的男西裤工艺进行学习。男西裤的款式特征为有左右裤腿包覆下肢，前腰部左右各2个褶裥，后腰部左右各2个省道，后臀部有2个嵌线袋，前片左右各1个斜插袋，前中有裤门襟拉链，绱腰头，男西裤款式如图2-16所示。男西裤制作工艺基本包括了一般裤子的制作要点，因此选用男西裤作为基本款裤装制作的实验项目。

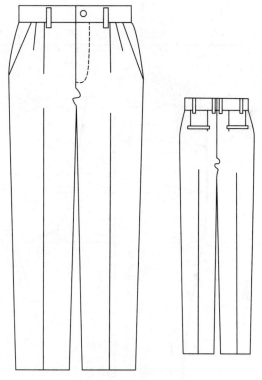

图2-16　男西裤款式图

一、实训项目概述

（1）**实训内容**：男西裤的制作工艺，主要内容包括男西裤纸样绘制方法、放缝方法、排料方法、工艺流程及缝制方法。

（2）**实训目的和要求**：通过男西裤制作工艺的学习，使学生掌握男西裤制作工艺的知识和技能。要求每位学生独立裁剪和制作男西裤1条。

（3）**知识要点**：斜插袋、嵌线袋、绱腰头、合裆缝、门襟拉链、裤襻。

（4）**课时数**：理论课时+实训课时，共计16课时。

（5）**设备与工具**：高速工业平缝机、三线包缝机、电熨斗及缝纫工具。

（6）**教学方式**：课堂讲授、演示与巡回指导结合。

（7）**前期知识准备**：高速工业平缝机的使用技能、三线包缝机的使用技能、男西裤结构设计。

（8）**材料准备**：

①面料：幅宽144cm，长度为裤长+10cm。

②衬料：无纺衬约50cm。

③辅料：配色涤纶线、配色拉链1根、直径1.3cm扣子1个。

二、纸样绘制

男西裤成品规格见表2-3。纸样绘制方法如图2-17所示，按此结构图绘制得到男西裤的前片、后片的净样板。

表 2-3　成品规格表（号型 170/76A）　　　　　　　　单位：cm

部位	臀围	裤长	腰围	立裆	脚口围	腰头宽
尺寸	104	100	78	24	42	3.5

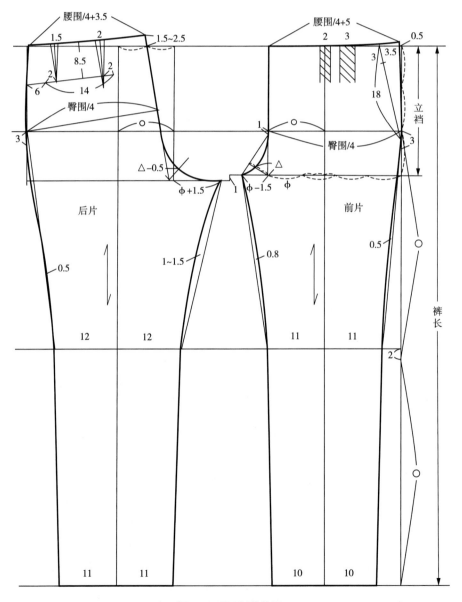

图2-17　男西裤结构图

三、放缝与排料

（一）放缝与毛样板

在男西裤净样板的基础上，如图2-18所示，放出裤前片、后片的缝份与裤子下摆贴边，沿图2-18的外轮廓线剪下，便得到了男西裤裤片的毛样板。斜插袋袋布毛样板如图2-19所示绘制。斜插袋袋垫布毛样板如图2-20所示绘制。门襟、里襟毛样板如图2-21所示绘制。后袋布、嵌线布、袋垫布、裤襻、腰头的毛样板如图2-22所示绘制。

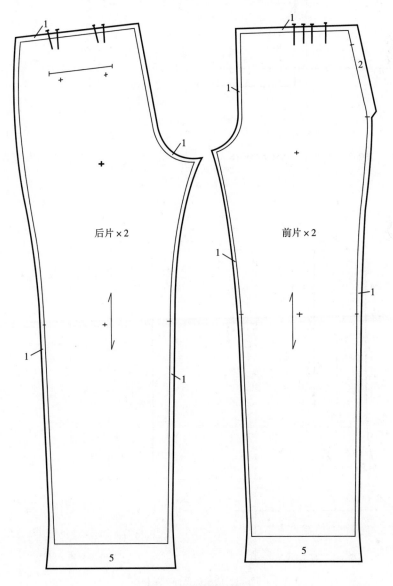

图2-18　男西裤毛样板

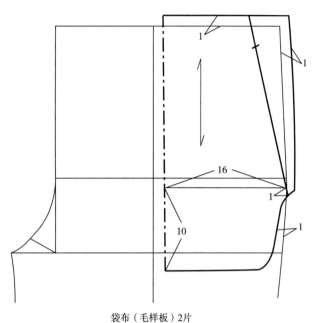

袋布（毛样板）2片

图2-19　袋布（毛样板）结构图

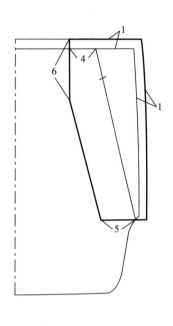

垫袋布（毛样板）2片

图2-20　袋垫布毛样板结构图

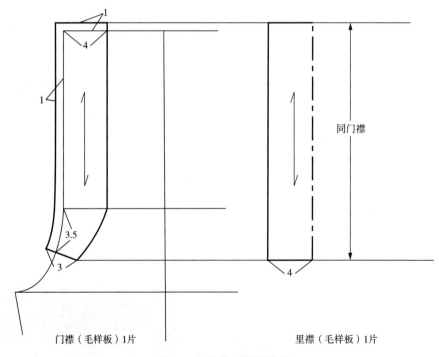

门襟（毛样板）1片　　　　　　　　　里襟（毛样板）1片

图2-21　门里襟毛样板结构图

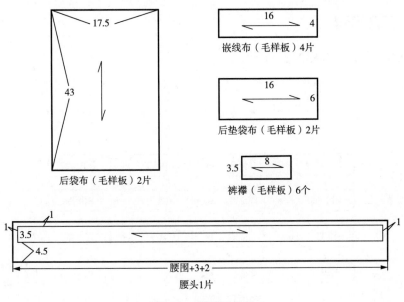

图2-22 零部件毛样板

（二）排料与裁剪

选择适合做裤装的面料。在此选择常用面料幅宽72cm×2。按照毛样板上所标注的裁剪片数及纱向要求，将其排列在面料上，按外轮廓线画样裁剪，如图2-23所示。

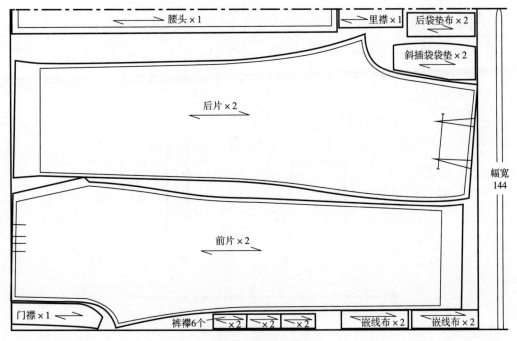

图2-23 男西裤排料图

四、工艺流程

男西裤工艺流程如图2-24所示。

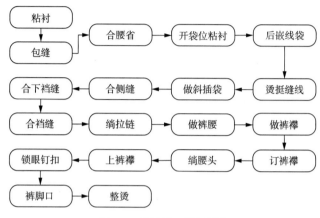

图2-24 男西裤工艺流程图

五、缝制步骤与方法

（1）画出净缝线（或打线丁）：在裤片的省道、侧袋、后袋、门襟、裤脚折边等部位画出净缝线（或打线丁）。

（2）粘衬：在后片嵌线袋开袋位置、斜插袋袋口位置、嵌线布、门襟和腰头反面粘无纺衬，如图2-25所示，图中的小点表示无纺衬。

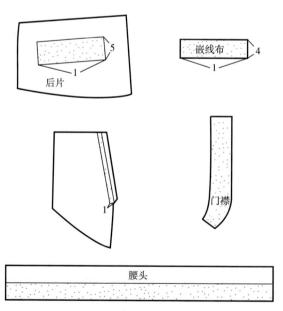

图2-25 粘衬

（3）包缝：将粘好无纺衬的裤片用包缝机包缝（前片、后片、门襟、里襟、袋垫布包缝），如图2-26所示。

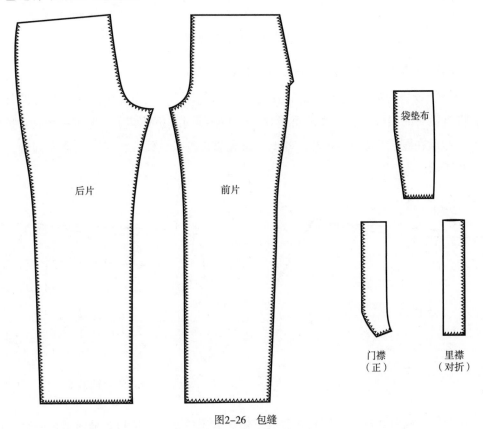

图2-26　包缝

（4）做嵌线袋。

①缝合后片省道，将省道向后裆缝的方向烫倒。

②在嵌线袋袋口处反面贴无纺衬，如图2-27所示。

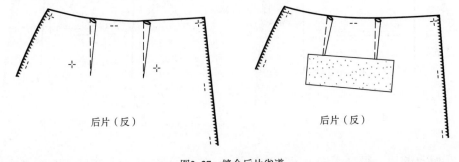

图2-27　缝合后片省道

③折烫嵌线袋布，并在嵌线袋布上画出嵌线宽度0.5cm和袋口长度14cm，如图2-28所示。

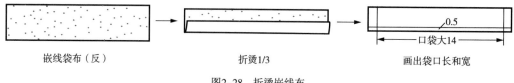

嵌线袋布（反）　　　　　　　折烫1/3　　　　　　画出袋口长和宽

图2-28　折烫嵌线布

④在裤子后片正面画口袋位置，如图2-29所示。

⑤将袋布垫在裤片下面，袋布上端要超过腰围线，袋布要参照袋口线，使其居中。将折烫后的嵌线布和裤片正面相对，缝上嵌线时对折处朝上，缝下嵌线时对折处朝下，然后在距袋口线0.5cm处，各缉一条和袋口等长的线，两端要倒回车固缝，如图2-30所示。

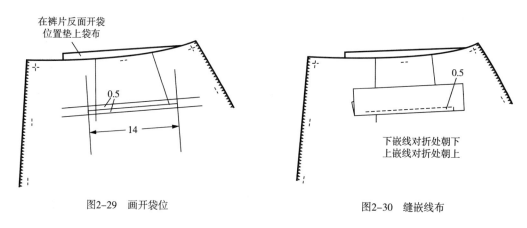

图2-29　画开袋位　　　　　　　　　　图2-30　缝嵌线布

⑥沿袋口线剪开口，袋口两端剪成三角，剪三角要尽可能接近缝迹最后一针，但不能剪断缝线，如图2-31所示。

⑦将嵌线布从剪开位置翻向裤片的反面，并熨烫平整，如图2-32所示。

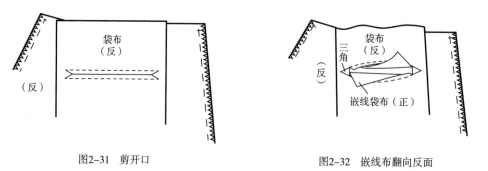

图2-31　剪开口　　　　　　　　　　图2-32　嵌线布翻向反面

⑧掀起裤片，缉缝固定上下嵌线缝份及三角。封三角后，翻至正面检查袋口嵌线，要求上下左右的宽度一致，四角方正，如图2-33所示。

⑨下嵌线边缘包缝，然后将其在袋布上缝住，如图2-34所示。

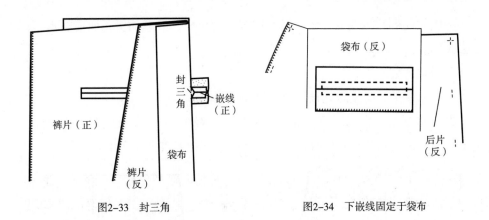

图2-33　封三角　　　　　　　　　　图2-34　下嵌线固定于袋布

⑩将垫袋布放在袋布的相应部位上，然后分2次将袋垫布缝上，保持袋垫布下口折光，如图2-35所示。

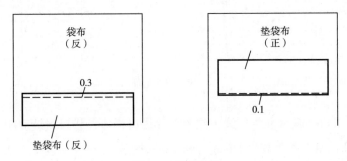

图2-35　缝袋垫布

⑪将裤片卷折，缝袋布两侧。先缝反面，缝份为0.3cm，如图2-36所示。

⑫将袋布翻向正面，按0.7cm缝份缉缝口袋的第二条线，然后将裤片掀起，在上嵌线上方缉缝，以固定袋布和上嵌线，如图2-37所示。

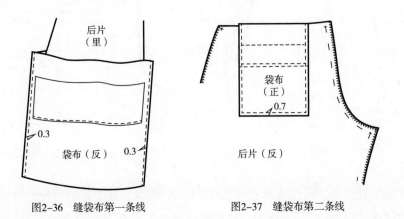

图2-36　缝袋布第一条线　　　　　图2-37　缝袋布第二条线

⑬用缝线将后袋布固定在裤子后片腰线位置，剪掉袋布超出腰口的多余部分。

（5）熨烫前裤片挺缝线：将前裤片中线先烫出来，注意面料正面要垫水布，防止产生极光印。

（6）做斜插袋。

①袋口贴牵条，防止斜丝被拉开，牵条宽1cm。

②将袋垫布缝在袋布反面，缝迹距袋垫布边缘0.5cm，注意左右两边对称，袋垫布缝上后，将袋垫布和袋布侧缝位置一起包缝，如图2-38所示。

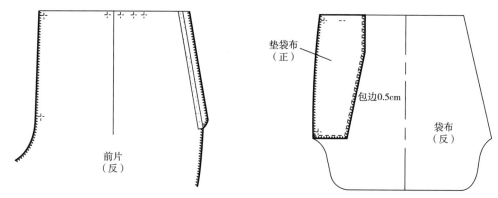

图2-38　缝袋垫布

③将袋布斜口一侧对准袋口线，扣烫前片袋口折边，袋口缉缝双明线，第一条明线距袋口0.1cm，第二条距袋口0.6cm，如图2-39所示。

④将袋布折向反面，先缉缝下口0.3cm缝份，如图2-40所示。

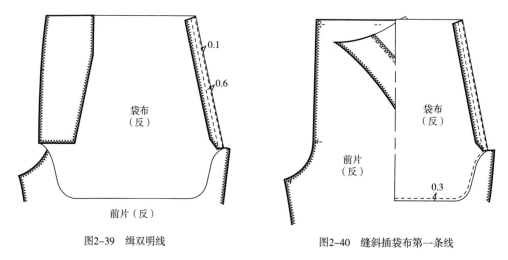

图2-39　缉双明线　　　　　　　　图2-40　缝斜插袋布第一条线

⑤将袋布翻过来，再在袋布正面缉缝0.7cm的明线，如图2-41所示。

⑥缉缝前腰褶裥2cm长并烫倒，正面倒向侧缝线，在上方固定褶裥和斜插袋上口；在侧缝处固定斜插袋下口，使斜插袋袋垫布与侧缝线合为一体，如图2-42所示。

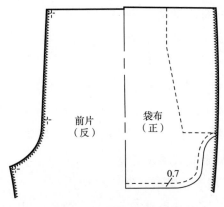

图2-41 缝斜插袋布第二条线

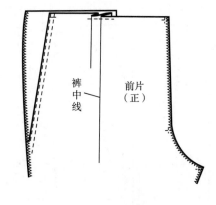

图2-42 固定褶裥

（7）缝合侧缝。

①将前后片侧缝对齐，沿1cm缝份缝合侧缝。缝合时注意上下片不要产生吃势，缝合后缝份倒向后片，如图2-43所示。

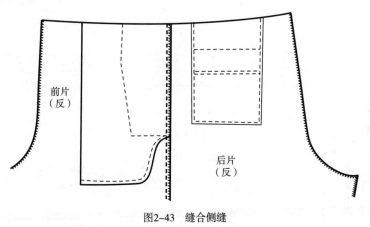

图2-43 缝合侧缝

②侧缝缝合后，铺好袋布，袋口封结。前后片侧缝正面完成如图2-44所示。

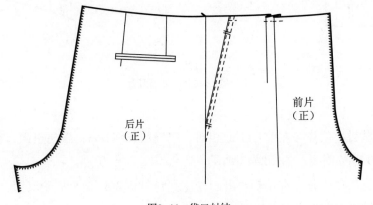

图2-44 袋口封结

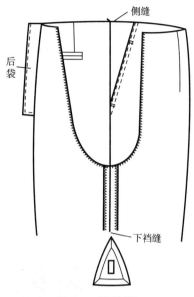

图2-45 烫下裆缝

（8）缉缝下裆缝。

①缝合下裆缝，分缝熨烫，如图2-45所示。

②烫后裤中缝，面料正面要垫水布。

（9）缝合裆部：从后中线腰线处开始缝合裆线，到前小裆封结点上2cm处止，缝合后在同一位置重复再缝一次，第二次缝线一定要跟第一次重合；双线缝合后裆缝分缝熨烫。

（10）门襟、里襟上拉链。

①将拉链缝在里襟上，然后右前片门襟缝份向里扣倒0.6~1cm，腰线处扣倒1cm，靠近门襟开口处扣倒0.6cm。右侧门襟与里襟夹住拉链边，压缝0.1cm的明线，如图2-46所示。

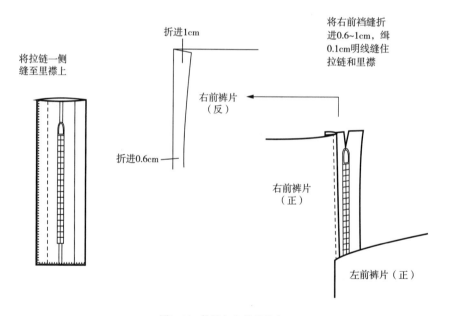

图2-46 拉链与右前片缝合

②门襟贴衬。门襟与左前片正面相对，缉缝门襟线1cm；翻向正面，在反面扣烫翻折线，缉0.15cm明线，如图2-47所示。

③将门里襟放平整，在前门襟开口位置用珠针固定；翻至裤子反面，拉开里襟，将拉链另一侧缝合在门襟上，如图2-48所示。

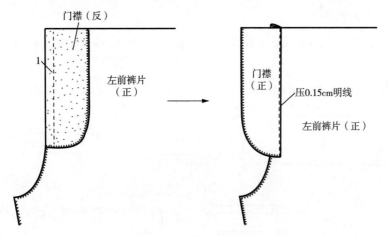

图2-47 门襟与右前片缝合

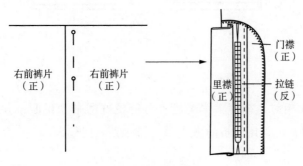

图2-48 门襟与拉链缝合

④将门里襟放平整，在裤片正面缉3.5cm门襟明线，注意缝时不要缝住里襟，如图2-49所示。

⑤在门襟开口底端封口或打套结。

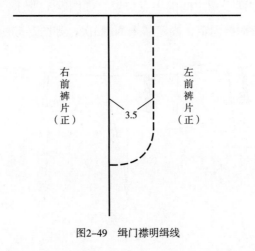

图2-49 缉门襟明缉线

（11）腰头的制作。

①将贴好衬的腰头面和腰头里如图2-50所示烫好；将烫好的腰头面和腰头里正面相对缝合。

②将腰头翻向正面，烫死。

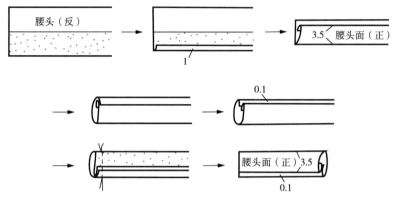

图2-50　腰头制作

（12）做裤襻。

①将裤襻正面相对，绲缝裤襻宽度；分缝烫好后翻到正面，并绲缝0.1cm明线，缝份放在中间（厚料可采用四折的方式做），如图2-51所示。

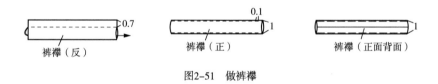

图2-51　做裤襻

②先在裤片上定好裤襻的位置，前裤襻对准第一个裤褶，后中线襻对准后裆斜线内侧3cm，中间的襻在两个襻之间的中点位置，如图2-52所示；将裤襻毛边与裤腰毛边对齐，距毛边2cm将裤襻固定，固定需来回缝3次，如图2-53所示。

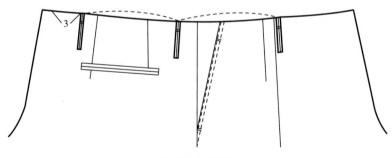

图2-52　裤襻位置

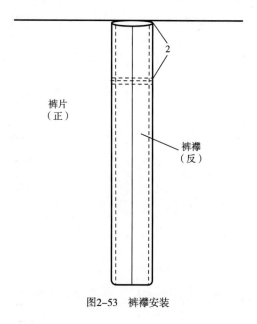

图2-53 裤襻安装

（13）绱腰头。

①将做好的腰头包住裤子腰线的毛边（包括前片门襟、里襟、裤襻、袋布）1cm，缉缝腰头止口明线0.1cm，如图2-54所示。

②然后将裤襻另一端折光，缉缝0.1cm明线，依次缝合在腰头上端。裤襻与腰头间须留一定松量，以便穿入皮带。每个裤襻缉缝的明线需在同一位置来回缝3次以加固，如图2-55所示。

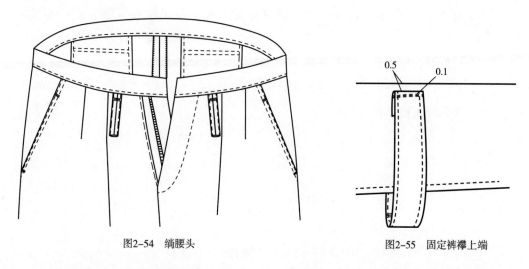

图2-54 绱腰头

图2-55 固定裤襻上端

（14）锁眼钉扣、缝脚口。

①在左侧腰头锁眼，在右侧腰头上钉扣，扣子位置要与扣眼相对应，如图2-56所示。

②扣烫好裤脚边，用三角针缲裤脚边。

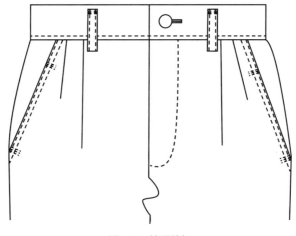

图2-56 裤子锁钉

（15）整烫、后整理：所有工序完成后，修剪线头，整烫。

六、评分标准

（1）选用面料合理（10分）。

（2）侧口袋松紧适宜，大小左右一致，封结清晰整洁，袋位高低一致，左右对称（20分）。

（3）后袋线宽窄一致，省道左右对称，袋布垫底平顺，宽窄适宜（10分）。

（4）内外侧缝相对，臀部圆顺，两裤腿长短一致（10分）。

（5）腰头左右对称、宽窄一致、裤襻位置正确，腰里腰面平服，止口不反吐（10分）。

（6）门里襟长短一致，拉链平顺（20分）。

（7）各部位尺寸符合设计要求（10分）。

（8）各部位熨烫平整（10分）。

实训10　女衬衣制作工艺

在这个实训项目中，选择比较典型的女衬衣的制作工艺进行讲授。此款女衬衣的款式特征为翻折领、装袖、前中开襟，门襟5粒扣，袖子有袖衩和袖克夫。女衬衣款式如图2-57所示。女衬衣款式虽然简练，但其制作工艺基本上包括了一般女衬衣的制作要点，因此选用该款女衬衣作为基本款女衬衣制作的实验项目。

图2-57　女衬衣款式图

一、实训项目概述

（1）实训内容：女衬衣的制作工艺，主要内容包括纸样绘制方法、放缝方法、排料方法、工艺流程及缝制方法。

（2）实训目的和要求：通过女衬衣制作工艺的学习，使学生掌握女衬衣制作工艺的知识和技能。要求每位学生独立裁剪和制作女衬衣1件。

（3）知识要点：翻折领、绱领、绱袖、做袖衩、装袖克夫、卷下摆。

（4）课时数：理论课时+实训课时，共计16课时。

（5）设备与工具：高速工业平缝机、三线包缝机、电熨斗及缝纫工具。

（6）教学方式：课堂讲授、演示与巡回指导结合。

（7）前期知识准备：女衬衣的结构设计。

（8）材料准备：

①面料：幅宽144cm，长度为衣长+袖长。

②衬料：无纺衬约50cm。

③辅料：配色涤纶线、配色衬衣扣7粒。

二、纸样绘制

女衬衣成品规格见表2-4。纸样绘制方法如图2-58所示，按此结构图绘制得到女衬衣的前片、后片、袖片、领片、袖克夫的净样板。

表2-4　成品规格表（号型 160/84A）　　　　单位：cm

部位	胸围	后中衣长	腰围	袖长	领围
尺寸	100	60.5	100	58	39

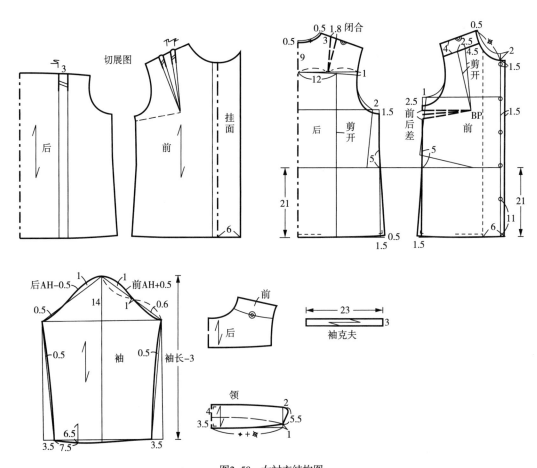

图2-58　女衬衣结构图

三、放缝与排料

（一）放缝

在女衬衣净样板的基础上，如图2-59所示，放出前片、后片和袖片等的缝份与衣片下摆贴边。沿着图2-59的外轮廓线剪下，便得到了女衬衣的毛样板。在每块毛样板上标注其部位、纱向及裁剪的片数，以此作为裁剪的依据。

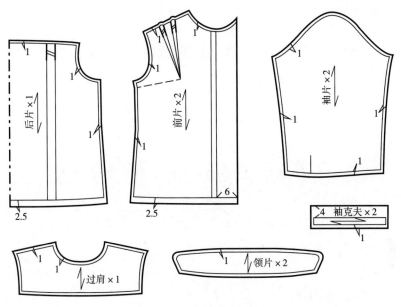

图2-59 女衬衣毛样板

（二）排料与裁剪

　　适合做女衬衣的面料种类很多，面料的幅宽也有多种规格。在此选择常用面料幅宽72cm×2（"双幅"面料）。按照毛样板上所标注的裁剪片数及纱向要求，将其排列在面料上，沿外轮廓线画样裁剪，如图2-60所示。

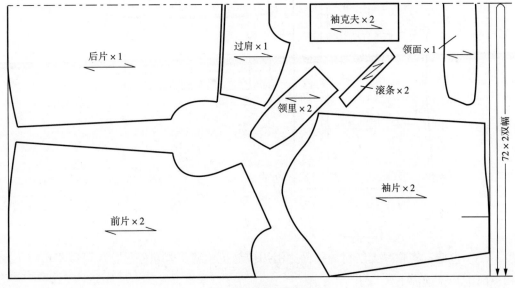

图2-60 女衬衣排料图

四、工艺流程

女衬衣工艺流程如图2-61所示。因考虑初学者的因素，此工艺流程按照缝制的步骤设置。

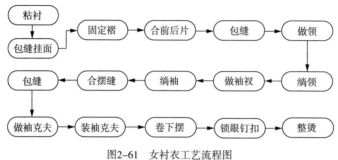

图2-61　女衬衣工艺流程图

五、缝制步骤与方法

（1）画出净缝线：在衣片的省道、侧缝、下摆及袖开衩部位画出净缝线。

（2）粘衬：在挂面、领面、袖克夫面等部位的后面粘无纺衬，如图2-62所示，图中的小点表示无纺衬。

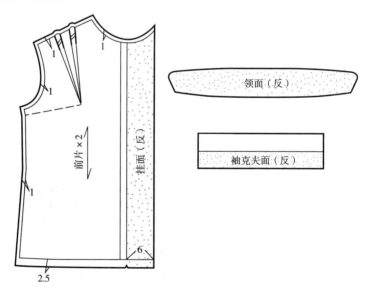

图2-62　粘衬

（3）包缝：将粘好无纺衬的挂面边沿用包缝机包缝（若正好是布边可以不包缝），包缝时前片正面向上。

（4）固定褶裥：前片、后片上的褶裥按标出的大小将褶裥对折并将褶裥倒向侧面（从正面看），用平缝机固定褶裥。

（5）合后片与过肩：后片和过肩正面相对缝合，然后将后片朝上用包缝机锁边。

（6）合肩缝：过肩和前片肩缝正面相对缝合，然后将前片朝上用包缝机锁边，如图2-63所示。

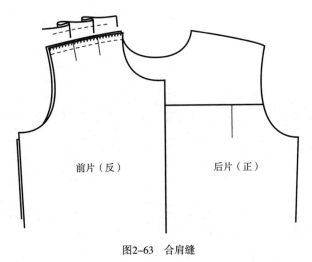

图2-63　合肩缝

（7）缉领嘴：将挂面沿前片止口线反折，按搭门宽1.5cm的大小缝住领嘴，如图2-64所示。

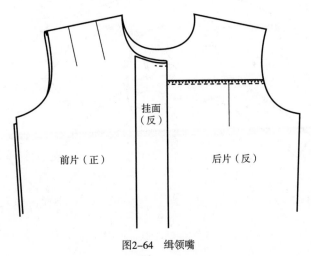

图2-64　缉领嘴

（8）做领子。

①在领里的反面画领子的净线，放在领面的上层，修剪领子，使领里小于领面0.2cm。沿净线缉领子，同时将0.2cm吃势吃进。

②修剪缝份，将领子内缝修至0.8cm，圆角处修至0.5cm，沿缉缝线迹扣烫缝份。

③翻出领子的正面，熨烫平整。注意不要反止口。

④在领里外领口线处缉0.1cm止口，将缝份一起缉住，靠近领角两端4cm不缝。

（9）绱领子。

①从左前身开始，将领子夹在挂面与前身之间，留出领嘴，将挂面、领面、领底、前衣身四层缉在一起，起始时打倒针，缉至距挂面的边缘1cm时，打一个剪口，掀开领面，继续把领里和衣身缉在一起，直至右前身，右侧与左侧完全对称，如图2-65（a）所示。

②将领面的缝份折进去，沿领口绱好，如图2-65（b）所示。

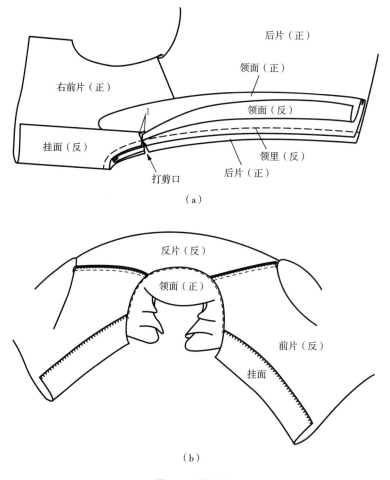

图2-65　绱领子

（10）做袖衩（图2-66）。

①滚条与袖片均正面向上，滚条在下，袖片在上；在滚条边沿0.7～0.8cm处缉缝，缝至袖衩顶端时抬起压脚，将袖衩剪开处拉直，继续缝纫。

②将滚条折光后包转，压0.1cm止口。

③将滚条对折，使袖子反面向外，在滚条转弯处来回缝3次作斜向封口。

④将袖衩在上一侧向内折进，用缝线固定。

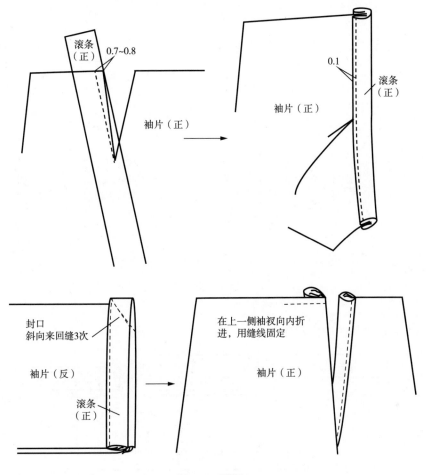

图2-66 做袖衩

（11）绱袖子：袖子在下，袖窿在上，袖子与袖窿正面相对，边沿对齐缝合；缝合时注意袖山顶点对准肩缝；缝合后，衣片在上，袖片在下包缝缝份，如图2-67所示。

（12）合摆缝：将摆缝处正面相对，边沿对齐，沿1cm缝合摆缝；缝合时注意袖底十字路口对齐，误差不得大于0.5cm，如图2-68（a）所示。缝合后，前片在上，后片在下，包缝摆缝，如图2-68（b）所示。

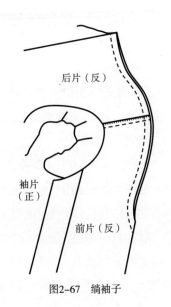

图2-67 绱袖子

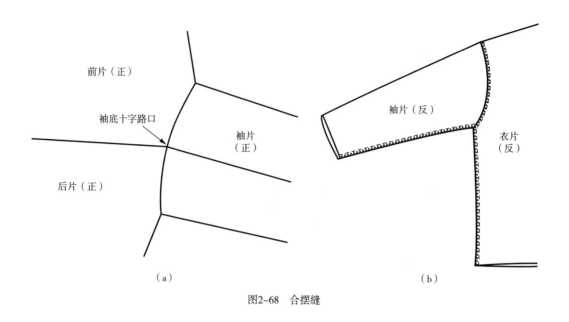

前片（正）

袖底十字路口

后片（正）

袖片
（正）

（a）

袖片（反）

衣片
（反）

（b）

图2-68　合摆缝

（13）做袖克夫（图2-69）。

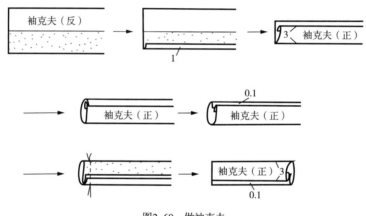

袖克夫（反）

袖克夫（正）

1

袖克夫（正）

0.1

袖克夫（正）

袖克夫（正）

0.1

3

图2-69　做袖克夫

（14）绱袖克夫：调松平缝机面线，调大针距，在袖片袖口边沿0.8cm处缝一条平缝线迹；抽缩袖口使之与袖克夫长度相等；将袖口缝份塞入袖克夫，在袖克夫上缉缝0.1cm止口，如图2-70所示。

（15）卷下摆：将左右门襟叠合在一起，修剪门襟使之长短一致；将挂面沿前止口线反折，沿底边2.5cm用平缝机在底边净缝位置缉线，翻正挂面；将底边先折1cm，后折1.5cm，扣烫底边，用平缝机缉0.1cm止口，如图2-71所示。

（16）锁眼钉扣：按照裁剪图中的扣眼位置，在右前身锁扣眼，在左前身钉扣子，锁横眼；袖克夫上层锁眼，下层钉扣，如图2-72所示。

（17）整烫：将制作完毕的女衬衫检查一遍，清剪线头，熨烫平整。

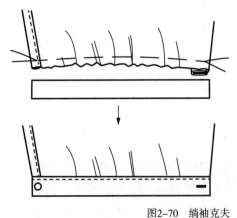

抽缩袖口至与袖克夫同大

将袖口边缝份塞入袖克夫，
缉0.1cm止口

袖克夫上层锁眼，下层钉扣

图2-70 绱袖克夫

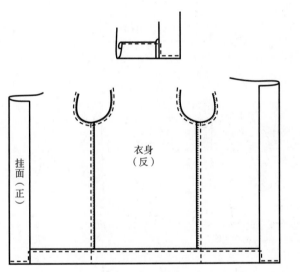

图2-71 卷下摆

图2-72 锁眼钉扣

六、评分标准

（1）选用面料合理（10分）。

（2）领子平挺，两领角长短一致，里外匀恰当，窝势自然（20分）。

（3）两袖长短一致、左右对称，装袖吃势均匀（20分）。

（4）门襟左右对称、长短一致，扣眼和纽扣高低对齐（10分）。

（5）省道（或褶裥）左右对称、长短一致，缉线平服（10分）。

（6）线迹平整，无跳线、浮线，线头修剪干净（10分）。

（7）各部位尺寸符合设计要求（10分）。

（8）各部位熨烫平整（10分）。

实训11　男衬衣制作工艺

　　在这个实训项目中，选择典型的男衬衣的工艺进行讲授。此款男衬衣的款式特征为翻立领、有过肩、前胸有一个贴袋，前中翻门襟、门襟6粒扣，袖子有宝剑头袖衩和袖克夫，如图2-73所示。男衬衣款式虽然简练，但其制作工艺基本上包括了一般男衬衣的制作要点，因此选用该款男衬衣作为基本款男衬衣的实验项目。

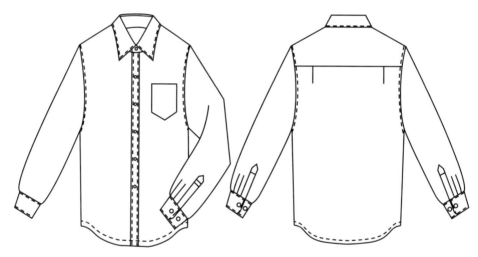

图2-73　男衬衣款式图

一、实训项目概述

　　（1）实训内容：男衬衣的制作工艺，主要内容包括纸样绘制方法、放缝方法、排料方法、工艺流程及缝制方法。

　　（2）实训目的和要求：通过男衬衣制作工艺的学习，使学生掌握男衬衣制作工艺的知识和技能。要求每位学生自行裁剪和制作男衬衣1件。

　　（3）知识要点：贴袋、门襟、翻立领、绱领、过肩、绱袖、宝剑头袖衩、装袖克夫、卷下摆。

　　（4）课时数：理论课时+实训课时，共计20课时。

　　（5）设备与工具：高速工业平缝机、三线包缝机、电熨斗及缝纫工具。

　　（6）教学方式：课堂讲授、演示与巡回指导结合。

　　（7）前期知识准备：男衬衣的结构设计。

（8）材料准备：

①面料，幅宽144cm，长度为衣长+袖长。

②衬料，无纺衬约50cm。

③辅料，配色涤纶线、配色衬衣扣8~10粒。

二、纸样绘制

男衬衣成品规格见表2-5，男衬衣结构图如图2-74所示。

表2-5　男衬衣成品规格表（号型 170/88A）　　　　　　　　单位：cm

部位	衣长	胸围	背长	总肩宽	袖长	袖口围	袖克夫宽	领围
尺寸	74	106	44	43.5	60	24	6	40

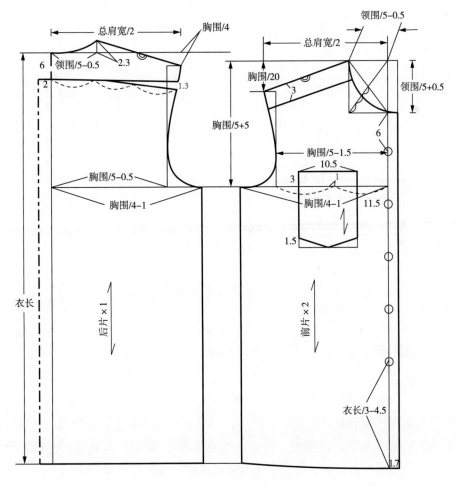

图2-74

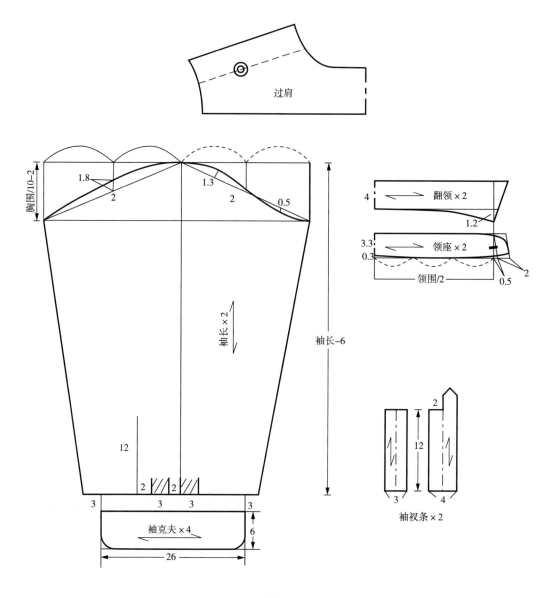

过肩

胸围/10-2

1.8

2

1.3

2

0.5

袖长×2

袖长-6

12

2

2

3

3

3

3

袖克夫×4

6

26

4

翻领×2

1.2

3.3

0.3

领座×2

领围/2

2

0.5

2

12

3

4

袖衩条×2

图2-74　男衬衣结构图

三、放缝与排料

（一）放缝

在男衬衣净样板的基础上，放出前片、后片、过肩和袖片等的缝份与衣片下摆贴边，沿着外轮廓线剪下，便得到了男衬衣的毛样板（图2-75）。在每块毛样板上标注其部位、纱向及裁剪的片数，以此作为裁剪的依据。

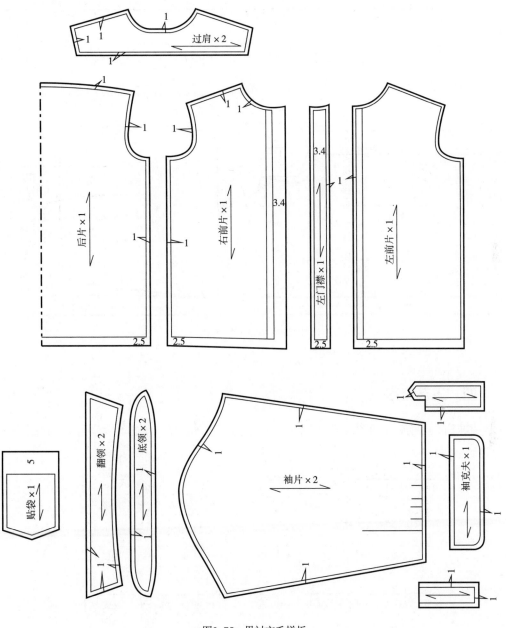

图2-75　男衬衣毛样板

（二）排料与裁剪

适合做男衬衣的面料种类很多，面料的幅宽也有多种规格。在此选择常用面料幅宽72cm×2（"双幅"面料）。按照毛样板上所标注的裁剪片数及纱向要求，将其排列在面料上，沿外轮廓线画样裁剪，如图2-76所示。

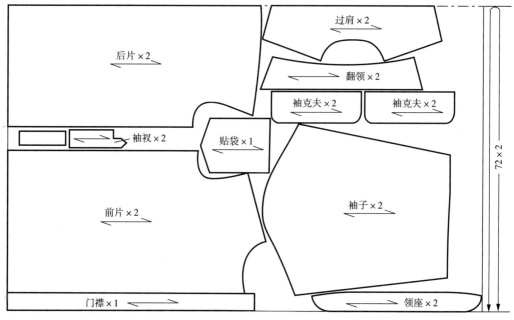

图2-76 男衬衣排料图

四、工艺流程

男衬衣工艺流程如图2-77所示。因考虑初学者的因素，此工艺流程按照缝制的步骤设置。

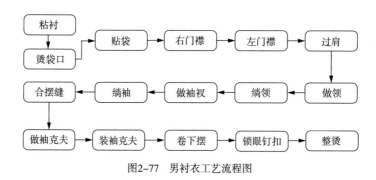

图2-77 男衬衣工艺流程图

五、缝制步骤与方法

（1）粘衬：在门襟、翻领面、底领面、袖克夫面等部位粘无纺衬，如图2-78所示，图中的小点表示无纺衬。

（2）贴袋：扣烫袋布，并将扣烫好的袋布贴缝在左胸袋位上，袋口要封牢固，如图2-79所示。

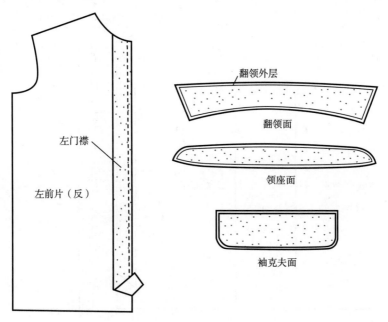

图2-78 粘衬

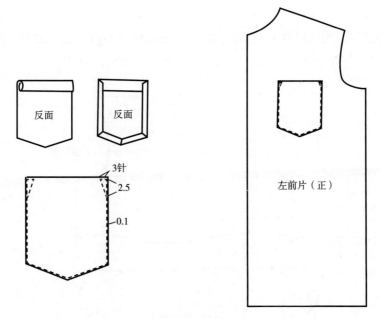

图2-79 贴袋

（3）缝制右门襟：右前片门襟处向反面先折1cm，再折2.4cm，扣烫后在折边的边缘缉0.1cm明线，如图2-80（a）所示。

（4）缝制左门襟：左门襟的正面与左前片的反面相对，门襟边沿对齐，沿门襟净缝线缉线，把门襟翻向正面烫好，两边各缉0.1cm或0.4cm明线，如图2-80（b）所示。

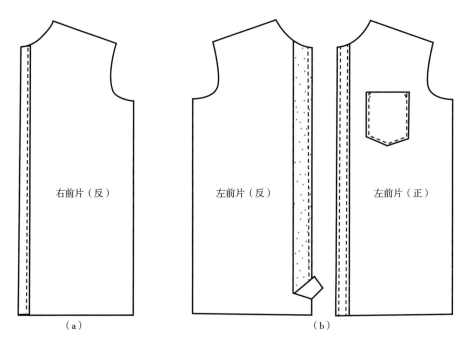

图2-80　缝制门襟

（5）合过肩：先将后片上的褶位固定好，把后片夹在两层过肩之间，三层缝合在一起；然后将过肩的外层正面朝上，缉0.15cm明线，如图2-81所示。

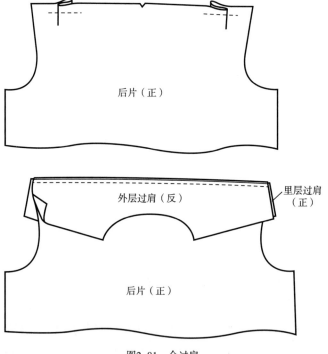

图2-81　合过肩

（6）合肩缝：把前片夹在两层过肩之间，三层缝合在一起；另一侧方法相同，但因为是掏着缝合，难度稍大，之后缉0.15cm明线。

（7）做领子（图2-82）。

①如果是商务衬衫，需在翻领面的反面按领子净样粘树脂衬，两领头再粘一层加强衬；如果是休闲衬衫，则粘一层无纺衬即可。

②缉领子：翻领面与翻领里正面相对，翻领里在上，翻领面在下，沿净缝线缉缝，翻领面吃进0.1～0.2cm。如果是粘树脂衬的商务衬衫，则应翻领里在下，翻领面在上，两层缉在一起时，将上层多出的量吃进，线迹距离衬边0.1cm。修剪缝份，剩余0.3～0.5cm领尖部位修剪到更少一点。

③烫缝份。

④翻出翻领面，熨烫，翻领里不能倒吐。翻领面在上，沿边缉明线0.4cm。

⑤如果是商务衬衫，领座的反面按领座净样粘树脂衬；休闲衬衫则粘一层无纺衬即可。

⑥扣烫领座下口，缉明线0.6cm。

⑦缝合翻领与领座：把翻领夹在两层领座之间，三层缝合在一起。注意领座里下口需超过领座面下口止口1cm。

⑧领座翻正熨烫，在翻领与领座的接缝处缉0.15cm的明线。

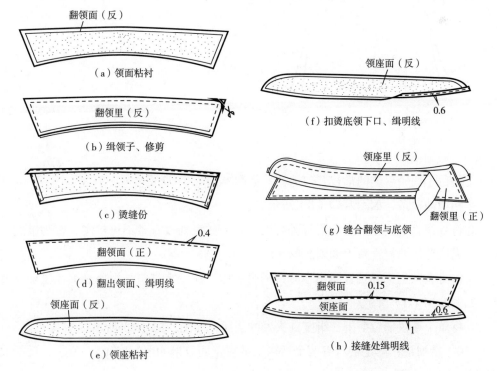

（a）领面粘衬
翻领面（反）

（b）缉领子、修剪
翻领里（反）

（c）烫缝份

（d）翻出领面、缉明线
翻领面（正）
0.4

（e）领座粘衬
领座面（反）

（f）扣烫底领下口、缉明线
领座面（反）
0.6

（g）缝合翻领与底领
领座里（反）
翻领里（正）

（h）接缝处缉明线
翻领面　0.15
领座面　0.6
1

图2-82　做领子

（8）绱领子（图2-83）。

①将领座里与衣服领窝部位正面相对，领座里的下口与领窝缝合在一起。注意缝合时门襟须与领座边缘对齐，呈一条直线。

②将领座面的下口的缝份折进，缉0.1cm的明线至领嘴，与接缝处原来的缝线重针2cm。

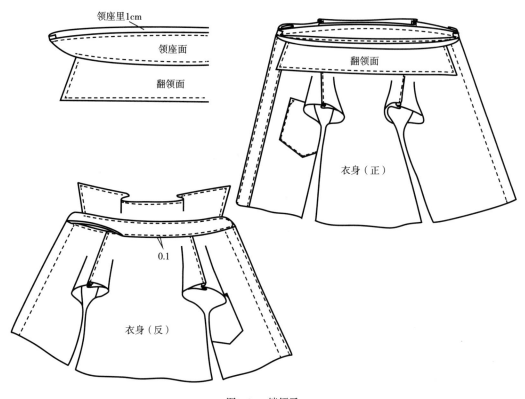

图2-83　绱领子

（9）做袖衩。

①将位于袖子后侧的袖衩开口剪开，如图2-84（a）所示。

②扣烫袖衩条，如图2-84（b）所示。

③将袖衩直条缉在开口中靠近袖缝的一侧。注意袖衩直条不可包实，否则宝剑头袖衩条无法盖住袖衩直条，如图2-84（c）所示。

④将带有宝剑头的袖衩条缉在开口的另一侧。注意宝剑头袖衩条必须盖住袖衩直条，如图2-84（d）所示。

⑤将整个袖衩部位摆平，缉宝剑头处的明线，如图2-84（e）所示。

（10）缉袖褶：固定袖口有两个活褶。袖衩正面效果如图2-85（a）所示，反面效果如图2-85（b）所示。

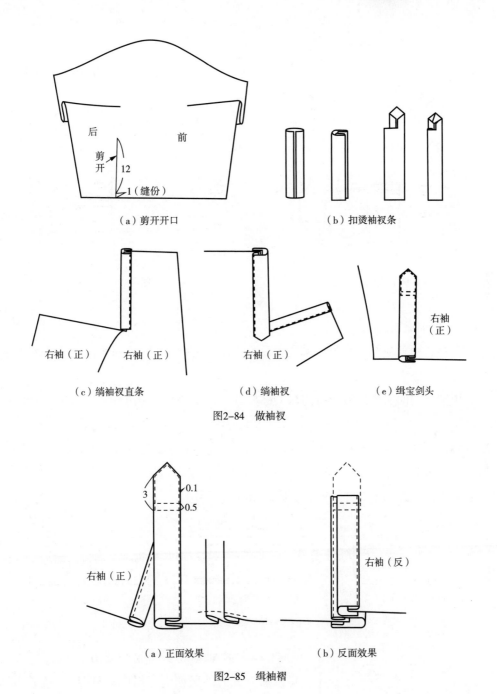

（a）剪开开口　　　　　　　　　　　（b）扣烫袖衩条

（c）绱袖衩直条　　　　　　（d）绱袖衩　　　　　（e）缉宝剑头

图2-84　做袖衩

（a）正面效果　　　　　　　　　　（b）反面效果

图2-85　缉袖褶

（11）绱袖子：袖片放在上层，缝合袖窿，然后用包缝机锁边。锁边之后正面朝上在衣片袖窿处缉0.4cm明线，如图2-86所示。

（12）合摆缝：侧缝及袖缝连在一起，称为摆缝，合摆缝时，前片放在上层、后片放在下层，正面相对缝合侧缝及袖缝，然后用包缝机锁边。注意袖底"十字路口"对齐，如图2-87所示。

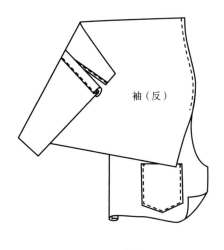

图2-86 绱袖子

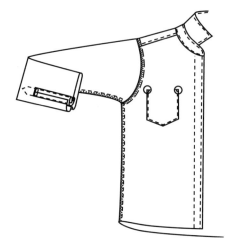

图2-87 合摆缝

（13）做袖克夫。

①粘衬：商务衬衫需在外层袖克夫反面沿净线粘树脂衬；若是休闲衬衫粘一层无纺衬即可。

②缉袖克夫面明线：沿净线扣烫上层袖口，沿袖口0.6cm缉明止口，如图2-88（a）所示。

③缉袖克夫：里层比外层少0.1～0.2cm，两层缉在一起时，将外层多出的量吃进，线迹距离衬边0.1cm。修剪缝份，剩余0.3～0.5cm，如图2-88（b）所示。

④翻出袖克夫的正面并熨烫，如图2-88（c）所示。

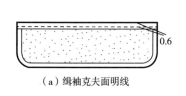
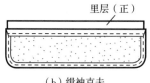
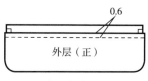

（a）缉袖克夫面明线　　　（b）缉袖克夫　　　（c）翻袖克夫

图2-88 做袖克夫

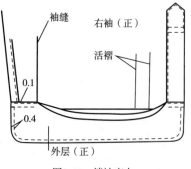

图2-89 绱袖克夫

（14）绱袖克夫：将袖口夹在两层袖克夫之间，袖克夫的外层朝上，缉0.1cm明线，接着沿袖克夫一周缉0.4cm明线，做好之后的效果如图2-89所示。

（15）收底边：沿衣长净线卷折贴边，缉明线，如图2-90所示。

（16）锁扣眼、钉纽扣：按照裁剪图中的扣眼位置，在左前身领子上锁一个横向扣眼，门襟上锁五个竖向扣眼，右前身的相应位置钉扣子，袖克夫上层锁眼，下层钉扣，如图2-91所示。

（17）整烫：将制作完毕的男衬衫检查一遍，清剪线头，熨烫平整。

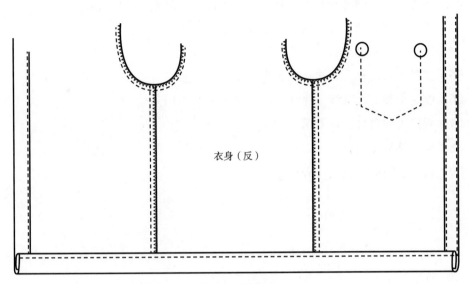

图2-90 卷下摆

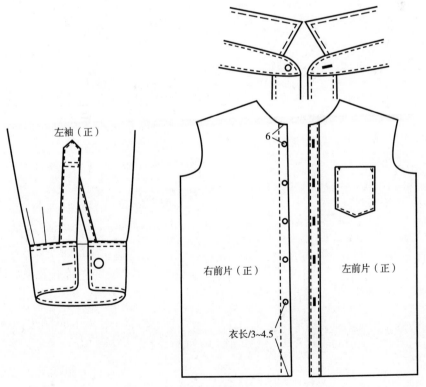

图2-91 锁眼钉扣

六、评分标准

（1）选用面料合理（10分）。

（2）领子平挺，两领角长短一致，里外匀恰当，窝势自然（20分）。

（3）两袖长短一致、左右对称，装袖吃势均匀（10分）。

（4）门襟左右对称、长短一致，纽位高低对齐（10分）。

（5）衣身左右对称、长短一致，缉线平服（10分）。

（6）线迹平整，无跳线、浮线，线头修剪干净（10分）。

（7）规格尺寸符合设计要求（10分）。

（8）成衣整洁（10分）。

（9）各部位熨烫平整（10分）。

实训12　女西服制作工艺

女西服在领、袖、门襟、口袋、下摆以及宽松度、长度上可以有较丰富的款式变化，泛指女式正装上衣。这类服装适用面广，是一年中任何季节都能穿着的理想服装。在这个实训项目中，选择典型的女西服的工艺进行讲授。此款女西服的款式特征为平驳领、单排两粒扣、前片有两个西装袋，袖子为两片圆装袖，有袖衩，里料为全托式。女西服款式如图2-92所示。女西服款式虽然简练，但其制作工艺基本上包括了一般女西服的制作要点，因此选用该款女西服作为基本款女西服的实验项目。

图2-92　女西服款式图

一、实训项目概述

（1）实训内容：女西服的制作工艺，主要内容包括纸样绘制方法、放缝方法、排料方法、工艺流程及缝制方法。

（2）实训目的和要求：通过女西服制作工艺的学习，使学生掌握女西服制作工艺的知识和技能。要求每位学生自行裁剪和制作女西服1件。重点要求掌握内容如下：

①翻驳领的领面样板、挂面样板的处理方法。

②面料样板、里料样板、粘衬样板的缝份处理方法。

③面料、里料的排料和裁剪方法。

④女西服的缝制工艺流程。

81

⑤有里料服装的缝制方法。

⑥女西服的整烫方法。

（3）知识要点：西装袋、门襟止口、西装领、西服袖衩、两片袖、缩两片圆装袖、里料。

（4）课时数：理论课时+实训课时，共计32课时。

（5）设备与工具：高速工业平缝机、黏合机、蒸汽电熨斗及缝纫工具。

（6）教学方式：课堂讲授、演示与巡回指导结合。

（7）前期知识准备：女西服的结构设计。

（8）材料准备：

①面料：女上装所采用的面料主要有纯毛及毛混纺面料，如法兰绒、华达呢、女式呢、花呢、驼丝锦、毛涤混纺、毛腈混纺等，丝绸、棉、麻、化纤及其混纺织物等；幅宽144cm，长度为衣长+袖长，参考长度：1.6～2m。

②衬料：使用衬的目的是辅助面料进行造型，增加面料的厚度和重量，使之挺括而易于造型。女装以黏合衬使用较多，有有纺衬和无纺衬之分，无纺衬50cm，有纺粘衬100cm。

③里料：里料具有光滑的特性，所以加上里子后不仅穿着舒适、穿脱方便，还能保护面料，延长衣服的使用寿命，并有保暖、保型等作用；耐磨、耐洗、不掉色是里料应具备的条件；常用里料有美丽绸、醋酸醋纤维绸、尼龙绸、涤美绸等品种，可根据面料的材质合理选配；幅宽144cm，长度为衣长+袖长，参考长度：1.5～2m。

④辅料：配色涤纶线、配色西服门襟扣子2粒，袖口扣子6粒，垫肩1副（可选）。

二、纸样绘制

女西服的纸样绘制方法有多种，这里仅以日本文化式原型为例，介绍基础样板的绘制方法。需测量的尺寸有胸围、背长、袖长。先绘制原型，再根据款式要求在原型上进行纸样设计。

女西服成品规格见表2-6。前片、后片、袖片纸样绘制方法如图2-93所示。按上述结构图绘制得到女西服的前片、后片、袖片、领片的净样板。

表2-6 女西服成品规格表（号型 160/84A）   单位：cm

部位	后中衣长	胸围	腰围	臀围	总肩宽	袖长	袖口宽	背长
尺寸	58	94	79	94	39	54	13	38

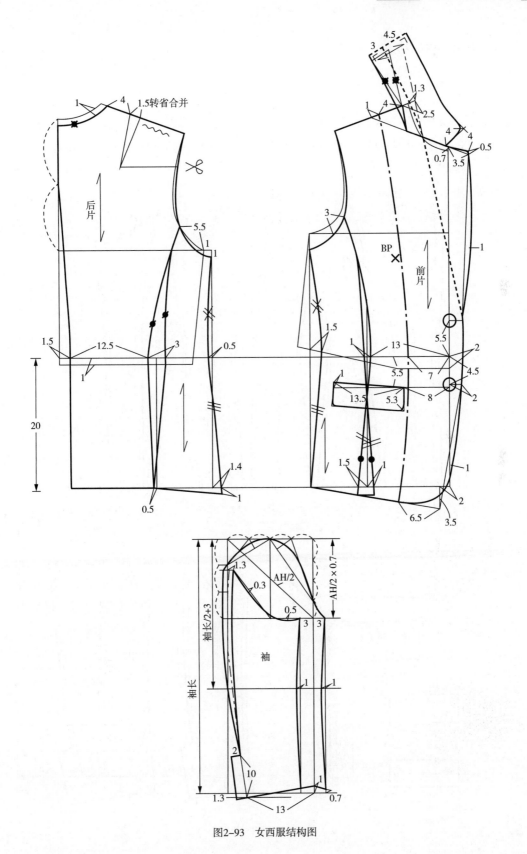

图2-93 女西服结构图

三、放缝与排料

（一）放缝

女西服的工业样板有面料样板、里料样板和衬料样板。在女西服净样板的基础上，按照一定的规则放缝，分别得到这些样板。女西服的面料样板放缝方法如图2-94所示。里料样板如图2-95所示。

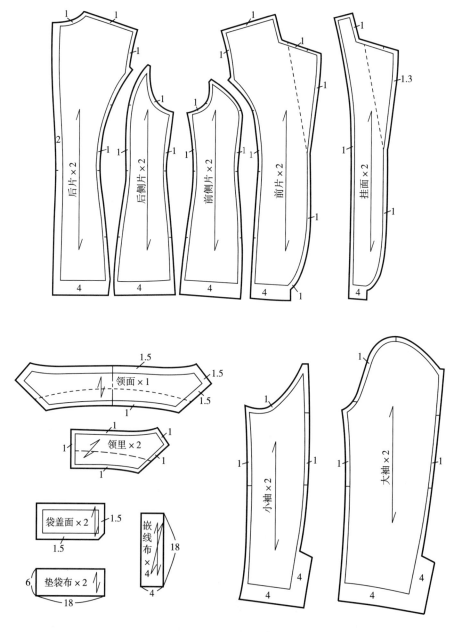

图2-94　面料样板图

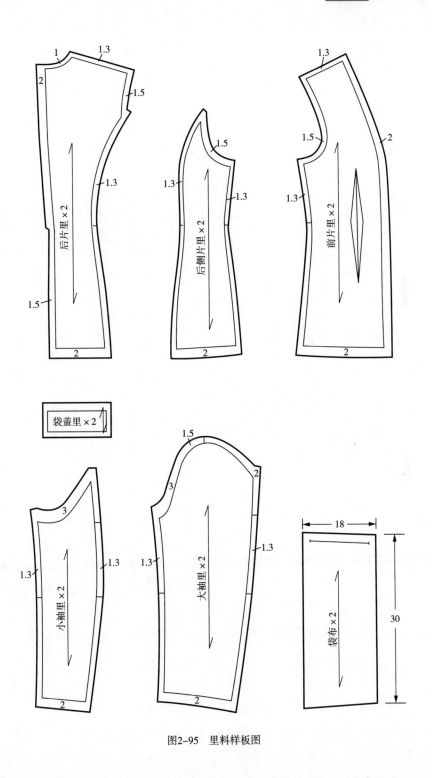

图2-95　里料样板图

　　衬料如图2-96所示。注意衬料的样板应比面料毛板周边缩进0.3cm，以避免粘衬时，衬上的热融胶污染黏合机的传送带或烫台。

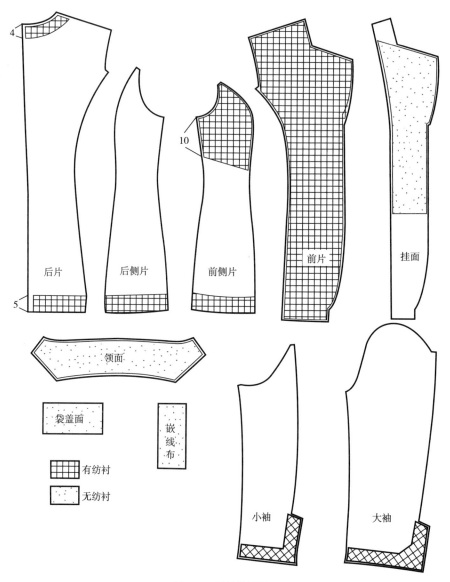

图2-96 衬料样板图

（二）排料与裁剪

女西服工艺要求较高，排料和裁剪时应注意下列问题：

（1）面料有方向性的（如毛向、阴阳格等），一套服装要保证方向一致。

（2）纱向要顺直，在面料长度允许的情况下，大衣片一般不得倾斜。

（3）条格面料要注意对条格：

①对称部位要左右一致。

②后身后领中部位要保证一个整花型，以便与领面对条格。

③袋盖（或袋板）要与大身对条格。

④大身摆缝要对格。

⑤大、小袖缝要对格。

⑥前袖窿上2/3部位与大身对格。

适合做女西服的面料种类很多，面料的幅宽也有多种规格。在此选择常用面料幅宽72cm×2"双幅"面料。按照毛样板上所标注的裁剪片数及纱向要求，将其排列在面料上，沿外轮廓线画样裁剪，如图2-97所示。里料的排料方法如图2-98所示，幅宽144cm。

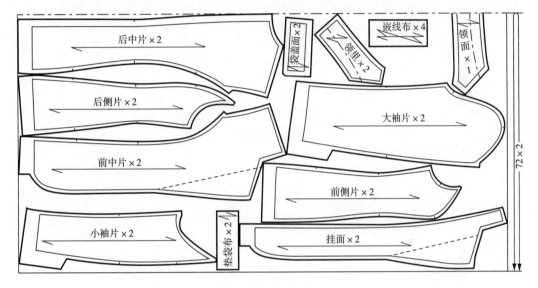

图2-97　女西服面料排料图

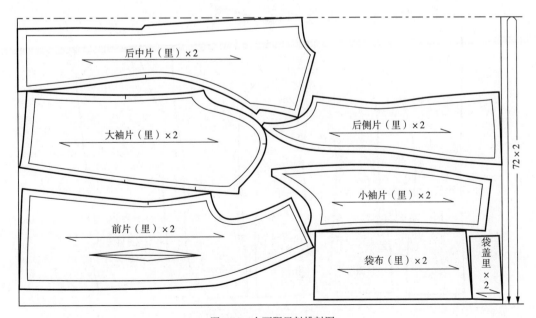

图2-98　女西服里料排料图

87

四、工艺流程

女西服工艺流程如图2-99所示。因考虑初学者的因素，此工艺流程按照缝制的步骤设置。

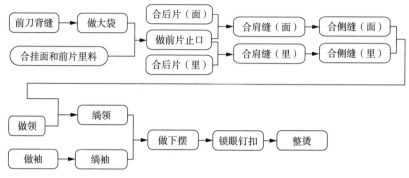

图2-99 女西服工艺流程图

五、缝制步骤与方法

（一）粘衬

衬料如图2-96所示，使用黏合机黏合。

（二）归拔衣片

女西服如图2-100所示归拔衣片。现代工业生产中，此工序一般省略。

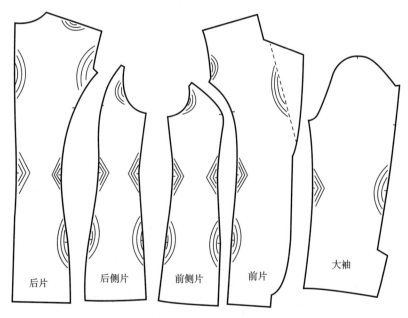

图2-100 归拔衣片

（三）前片缝制、做口袋

1. 合前刀背缝

（1）前片与前侧片正面相对，对准对位点沿净缝线进行缉缝，如图2-101（a）所示。

（2）缝份劈缝熨烫；在胸部弧线弯处和腰部打剪口，如图2-101（b）所示。

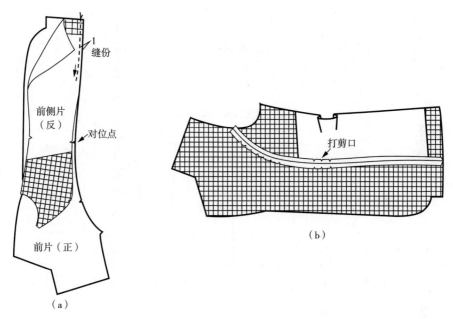

图2-101　合前刀背缝

2. 做口袋（图2-102）

（1）做袋盖：袋盖里与袋盖面正面相对，袋盖面在下，袋盖里在上，袋盖里划净缝线，按净缝线缉缝；修剪缝份至0.5cm，翻正熨烫袋盖；袋盖面吐出0.2cm，注意袋盖里不可倒吐；在翻烫好的袋盖面上按袋盖宽划标记。

（2）折烫嵌线：分别对折熨烫2条嵌线，在距对折边0.5 cm处画粉线，并居中画出袋口大。

（3）开袋：在前身上准确划出开袋位置，在开袋位置的反面贴上无纺衬；将烫好的嵌线布对准前身上的开袋位，分别缉缝上下线，两线间距为1cm，缝线要顺直，两端打倒针；嵌线缝后翻至反面，检查两条缝线是否平行；确认两线平行，并两线之间距离为1cm后，沿两道缝线中间将衣片剪开，距两端0.8～1cm处剪三角，注意要剪到缝线根处，但不可剪断缝线；将嵌线、两端三角翻正熨烫。

（4）封三角：掀起衣片，将三角封在嵌线上。

（5）装袋盖：将袋盖上端插入两条嵌线之中，袋盖面上的净缝线对准上下嵌线中间；掀起衣片，在上嵌线的内缝上，靠近上嵌线的线缝位置缉缝固定袋盖。

（6）缝袋布：将垫袋布一边扣净，与袋布车0.1cm明线固定；袋布另一侧与下嵌线正面相对绱缝；袋布上折，盖过上嵌线，靠近上嵌线缝线位置绱线固定袋布；缝合袋布两侧。

（7）整烫。

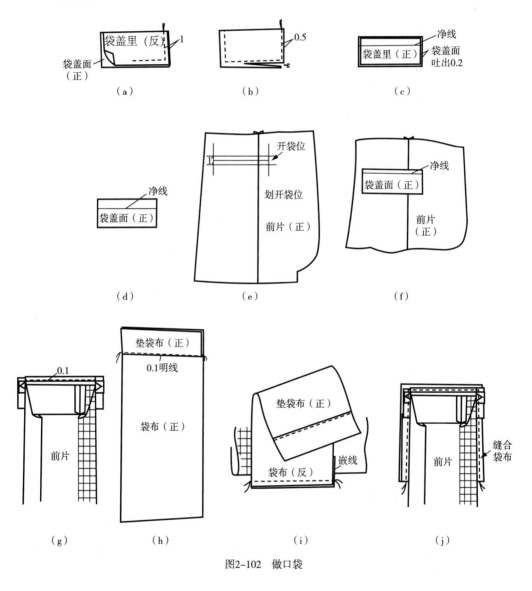

图2-102　做口袋

（四）做前片止口

如图2-103所示，为做前片止口示意图。

（1）画净样：用净板划前身止口净线和翻折线；沿止口净线内侧粘牵条，距翻折线外侧0.5cm粘牵条，牵条要拉紧，使面料和翻折线长度略吃进。

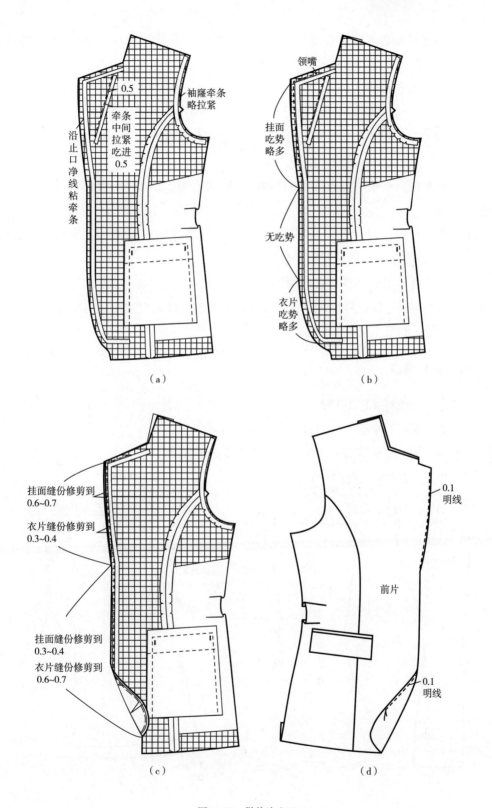

（a）

沿止口净线粘牵条

0.5

牵条中间拉紧吃进0.5

袖窿牵条略拉紧

（b）

领嘴

挂面吃势略多

无吃势

衣片吃势略多

（c）

挂面缝份修剪到0.6~0.7

衣片缝份修剪到0.3~0.4

挂面缝份修剪到0.3~0.4

衣片缝份修剪到0.6~0.7

（d）

0.1明线

前片

0.1明线

图2-103 做前片止口

（2）收腰省和袖窿省：缝合前片里料上的腰省，并将腰省向侧缝烫到，固定袖窿省。

（3）合挂面和里料：挂面和前片里料正面相对，前片里料在上，挂面在下，沿1cm缉缝；缝合后缝份倒向里料一侧。

（4）勾止口：将挂面与前身正面相对，从驳领领嘴处开始勾止口，注意驳点上方略吃挂面，下摆上方10cm至下摆拐角处略吃大身。

（5）修剪止口：驳领处挂面留0.6～0.7cm，大身留0.3～0.4cm缝份，驳点以下相反进行修剪。

（6）翻烫止口：驳领大身一侧和止口挂面一侧倒缝缉0.1cm明线固定止口，驳点上、下各5cm左右不缉明线，熨烫平整。

（7）修剪前片里子：将前衣片翻正，衣片在上，挂面和前片里料在下，在里料下方胸部位置垫碎料，使衣片呈现立体状态，修剪里料，使里料边沿比面料大0.3cm。

（8）熨烫：扣烫下摆4cm折边。

（五）后片缝制

1. 缝合后片面料（图2-104）

（1）缝合面料后中缝和后刀背缝，并分缝烫平。

（2）在后领窝、袖窿处粘牵条，袖窿上的牵条略拉紧。

（3）扣烫下摆4cm折边。

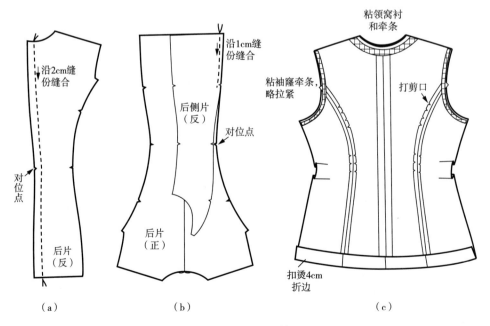

图2-104　后片缝制

2. 缝合后片里料（图2-105）

（1）缝合里料后中缝，在后背缝上方留1cm眼皮，后中缝向一侧烫倒。

（2）缝合后刀背缝，缝份向后中烫到，留0.3cm眼皮。

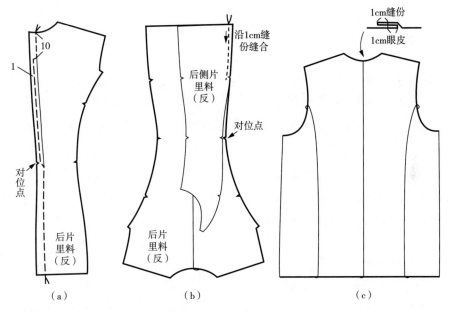

图2-105　缝合后片里料

3. 修剪里料

后片面料和后片里料上下对合，修剪里料，里料边沿比面料边沿大0.3cm。

（六）缝合肩缝

1. 缝合面子肩缝

将前片面料肩缝和后片面料肩缝正面相对，前肩线在上，后肩线在下，沿边1cm绱缝，后肩斜略吃进约0.5cm（吃量根据面料质地而定），缝合后将缝份劈缝熨烫。注意：缝合时领窝处不得有误差。

2. 缝合里子侧缝

将前片里料肩缝和后片里料肩缝正面相对，沿边1cm绱缝，缝合后将缝份向后片烫倒，烫时留0.3cm眼皮。

（七）缝合侧缝

1. 缝合面料侧缝

将前片面料侧缝和后片面料侧缝正面相对，沿边1cm绱缝，缝合后将缝份劈缝熨烫，扣烫下摆4cm折边。

2.缝合里子侧缝

将前片里料侧缝和后片里料侧缝正面相对，沿边1cm绢缝，缝合后将缝份向后身烫倒，烫时留0.3cm眼皮。

（八）做领子、缂领子

1.做领子（图2-106）

（1）接领里：将两片领里对齐，沿后中心线缝合，分缝烫平。

（2）划领净线：按领子净样板在领里上划净线。

（3）将领里、领面正面相对，领里在上，领面在下，沿净线绢缝领外口一周。

（4）修剪领外口缝份，领面留0.6~0.7cm，领里留0.3~0.4cm，翻烫平整。

（5）领外口在领里一侧倒缝绢0.1cm明止口。

（6）烫领子翻折线，按领里修剪领面下口缝份。

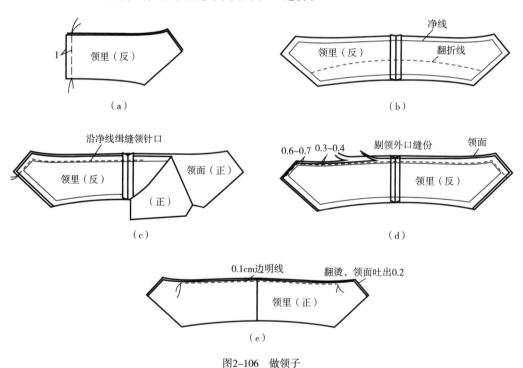

图2-106 做领子

2.缂领（图2-107）

（1）分别将领面与挂面、里料，领里与大身衣片在领窝处进行缝合。先缝串口位置，再缝后领弧线处。注意对位点对准。

（2）两层领窝线分别劈缝熨烫，必要处打剪口。

（3）将领面与领里铺平，沿装领线手针攥针。翻至反面，用手针或机器将两层领窝处的缝份缝合固定。

（4）熨烫平整。

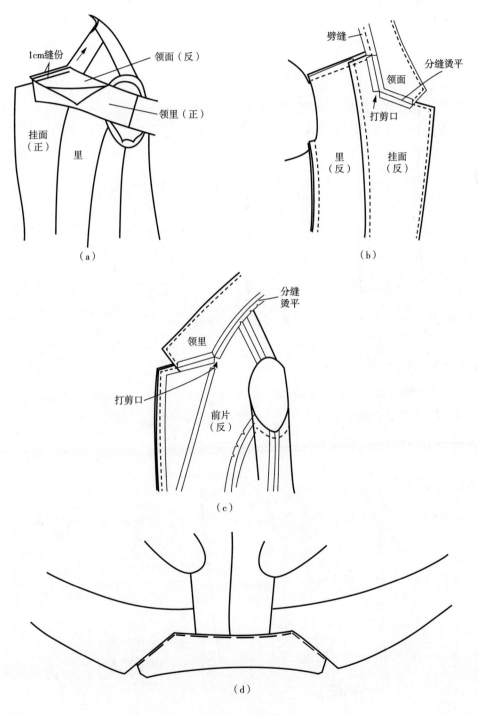

（a）

（b）

（c）

（d）

图2-107 绱领子

（九）袖子缝制

1. 小袖片缝制（图2-108）

（1）修准小袖片的袖口折边和袖衩，使之保持4cm宽度。

（2）按袖口线反折，在距袖衩处沿1cm处缉线，缝住3cm，留1cm豁口不缝。

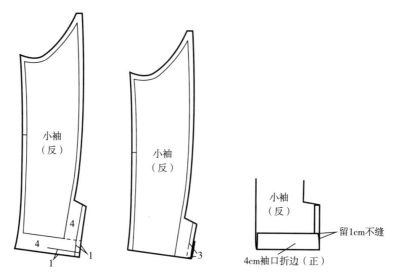

图2-108　小袖片缝制

2. 大袖片缝制（图2-109）

（1）在大袖片袖衩处留0.8cm缝份后，剪角。

（2）拨开大袖片前袖缝，拨开后，大袖前袖缝处可以自然翻折过来。

（3）对折斜角处，按0.8cm缝份缉缝，留1cm豁口不缝。

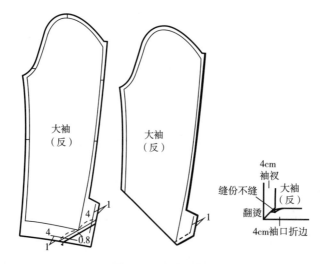

图2-109　大袖片缝制

3. 缝合袖缝（图2-110）

（1）大小袖片袖口处对齐，从豁口处对齐，缝合外袖缝，劈缝熨烫，必要时剪刀口。

（2）大小袖片内袖缝正面相对缝合，劈缝熨烫。

（3）扣烫袖口折边。

（4）分别缝合两个袖里的外袖缝和内袖缝。左袖里前袖缝中间部分不缝合，留口长约20cm；向大袖片倒缝、烫平，留0.3cm眼皮。

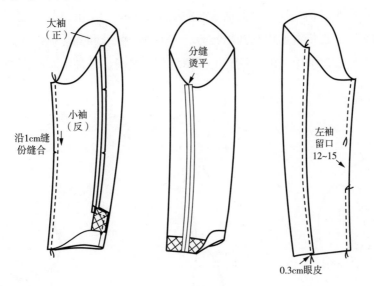

图2-110　缝合袖缝

4. 缝合面、里袖口（图2-111）

（1）将面、里袖口对齐，对准前、后袖缝，缉缝袖口一周。

（2）用手针三角针固定袖口折边。

（3）袖里在袖口处烫出2cm挫势。

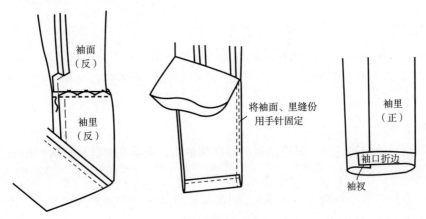

图2-111　缝合面、里袖口

5. 修剪袖里料

分别对准袖面和袖里的内外袖缝，在袖山处修剪一圈，将袖里修至比袖面多0.3cm。

6. 抽缩袖山

（1）袖山面缝抽缩线：调松面线，调大针距，从前袖缝至后袖缝下3cm，缝抽缩线，第一条离边0.3cm，第二条离边0.6cm。

（2）袖山里子缝抽缩线：从前袖缝至后袖缝下3cm，离边0.6cm缝抽缩线。

（3）抽底线，逐步将袖山头抽出吃势，并使袖山弧线和袖窿弧线一样长。

（4）把缩缝后的袖山头放在铁凳上熨烫均匀、平滑，使袖山圆顺饱满。

（十）绱袖子（图2-112）

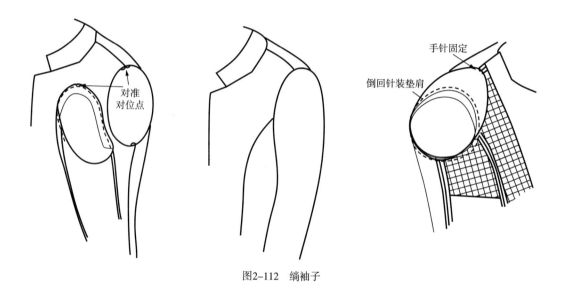

图2-112　绱袖子

1. 绱袖面

将袖山和袖窿的对位点对好，先用手针绷缝绱袖，穿着在人台上确认绱袖位置。要求袖山饱满，无小褶；袖子自然下垂，略向前倾；袖子左右对称。确认绱袖位置后，再缉缝袖窿一周。

2. 绱袖里

按照袖面的绱袖位置，对位袖里的袖窿和袖山，正面相对缝合袖窿和袖山。

3. 装垫肩

将垫肩外口探出袖窿毛缝0.2cm，用倒勾针将垫肩与袖窿缝份绷牢固，绷线不宜过紧；再将肩缝与垫肩圆口缲几针固定。也可选择不装垫肩。

（十一）固定挂面

留出驳头，翻出所需松量，在挂面正面用撬针临时固定挂面和前片。翻至衣服夹层中，用三角针将挂面固定在前片上，此处三角针的针距为3～4cm/针，且缝线不要拉得太紧。缝完后翻至正面，拆除撬线。

（十二）合下摆

（1）修剪里料下摆部位：将衣身翻正，放平整，里在下，面在上，后中缝、腋下对齐，用珠针固定，修剪里料下摆部位，使之比面料净缝线长2cm。

（2）缉缝下摆：整件服装反面向外，将面、里正面相对，下摆对齐，缉缝下摆一周。

（3）用三角针固定下摆折边，针距3～4cm/针，缝线不能过紧（图2-113）。

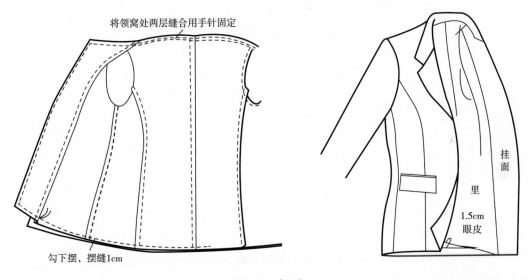

将领窝处两层缝合用手针固定

勾下摆，摆缝1cm

挂面

里

1.5cm
眼皮

图2-113　合下摆

（十三）翻正熨烫

（1）从左袖前袖缝预留口将整件服装翻出。

（2）折光袖缝开口处，缉缝0.1cm止口封口（或手缝暗缲针）。

（3）熨烫下摆，里子比面短1.5 cm左右，留烫眼皮。

（十四）锁眼钉扣

按样板上的位置进行锁眼、钉扣，女西服右前襟锁眼，左前襟钉扣。要求位置准确，锁钉牢固。

（十五）整烫

各条缝线、折边处要熨烫平整、压死，驳口翻折线第一扣位向上三分之一不能烫死。从正面熨烫时要垫上烫布，以免损伤布料或烫出极光。

六、评分标准

（1）选用面料合理（10分）。

（2）驳头平顺，驳口、串口顺直，两领角长短一致，里外匀恰当，窝势自然（20分）。

（3）两袖长短一致、左右对称，装袖圆顺，前后一致（10分）。

（4）门襟左右对称、长短一致，纽位高低对齐（10分）。

（5）袋位高低一致，左右对称（10分）。

（6）里料、挂面及各部位松紧适宜平顺（10分）。

（7）线迹平整，无跳线、浮线，线头修剪干净（10分）。

（8）规格尺寸符合设计要求（10分）。

（9）成衣整洁，各部位熨烫平整（10分）。

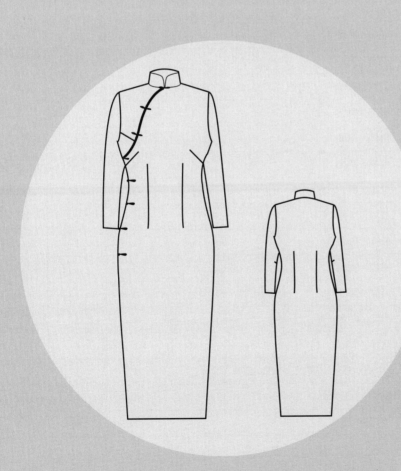

本篇所选内容是学习服装工艺的选修内容，较基础篇而言，难度有所提高。本章选择6个常用款进行服装工艺理论和实践教学。将服装工艺中常用的知识点分解在这6个实训项目中，可以根据教学需要灵活选用。学习本篇款式的服装工艺需有一定的服装工艺基础知识和操作技能。

本篇选择单层女外套、长袖旗袍、短袖旗袍、连衣裙、男西服、女大衣6个服装款式进行授课。理论和实践教学课时为146课时。授课内容及课时分配见表3-1。

表 3-1　基本款授课内容及课时分配

授课内容	实训内容	理论课时	实践课时	总课时数
实训13　单层女外套制作工艺	裁剪、粘衬、包缝	1	3	4
	前片制作、做口袋	1	3	4
	后片制作、绱领	1	3	4
	做袖、绱袖	1	3	4
	整烫、手工	1	3	4
实训14　长袖大襟标准夹里旗袍制作工艺	裁剪、粘衬	1	1	2
	省道、归拔	1	1	2
	敷里、开衩	1	5	6
	绱领、绱袖	1	5	6
	盘扣、手工、整烫	1	5	6
实训15　短袖圆襟单旗袍制作工艺	裁剪、粘衬	1	1	2
	省道、归拔	1	1	2
	绲边、绱领	1	5	6
	绱袖、盘扣	1	3	4
	手工、整烫	1	1	2
实训16　圆领短袖连衣裙制作工艺	裁剪、粘衬	1	3	4
	合前片、后片、肩缝、装领贴、绱袖	1	3	4
	装拉链、接袋布	1	3	4
	卷下摆、整烫	1	3	4

续表

授课内容	实训内容	理论课时	实践课时	总课时数
实训17 男西服制作工艺	裁剪面料、里料、衬料	1	3	4
	粘衬、打线丁、推门	1	3	4
	敷衬（胸衬）	1	3	4
	开手巾袋	1	3	4
	做大袋	1	3	4
	做内袋	1	3	4
	敷挂面	1	3	4
	绱领	1	3	4
	做袖、绱袖	1	3	4
	锁眼、钉扣、熨烫	1	3	4
实训18 女大衣制作工艺	裁剪面料、里料、衬料	1	3	4
	粘衬、打线丁	1	3	4
	开袋、合侧缝、做底边	1	3	4
	做挂面、里料侧缝	1	3	4
	做袖、绱袖	1	3	4
	做下摆、绱领	1	3	4
	做领、敷挂面、做腰带	1	3	4
	锁眼、钉扣、熨烫	1	3	4
合计		37	109	146

实训13　单层女外套制作工艺

　　本章主要以不带里布的女外套为例，讲授单层服装的缝制方法。这种制作工艺相对简单，采用这种制作方法的服装有不带里布的西装、风衣、夹克衫等。

　　女外套款式设计如图3-1所示，款式特征为：衣身较短，一粒扣，平驳西装领，合体开身，另外前后各加两个腰省，两片袖，前片两贴袋。

图3-1　单层女外套款式图

一、实训项目概述

　　（1）实训内容：单层女外套的制作工艺，主要内容包括纸样绘制方法、放缝方法、排料方法及缝制方法。

　　（2）实训目的和要求：通过单层女外套制作工艺的学习，使学生掌握不带里布外套制作工艺的知识和技能。要求每位学生自行裁剪和制作单层女外套1件。

　　（3）知识要点：刀背缝缝合、贴袋制作、缝合挂面、平驳领制作、绱合体袖等。

　　（4）课时数：理论课时+实训课时，共计20课时。

　　（5）设备与工具：高速工业平缝机、三线包缝机、黏合机、电熨斗及缝纫工具。

　　（6）教学方式：课堂讲授、演示与巡回指导结合。

　　（7）前期知识准备：高速工业平缝机的使用技能、三线包缝机的使用技能、男女衬衫制作、外套结构设计。

（8）材料准备：

①面料：幅宽144cm，长度为衣长×2+袖长。

②衬料：手感柔软的无纺衬约60cm。

③辅料：配色涤纶线、配色纽扣一粒。

二、纸样绘制

单层女外套规格尺寸为表3-2。

表 3-2　女外套成品规格表（号型 160/84A）

单位：cm

部位	后中长	胸围	袖长	袖口围
尺寸	54.5	96	58	26

女外套结构制图如图3-2所示。

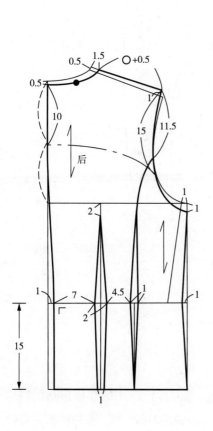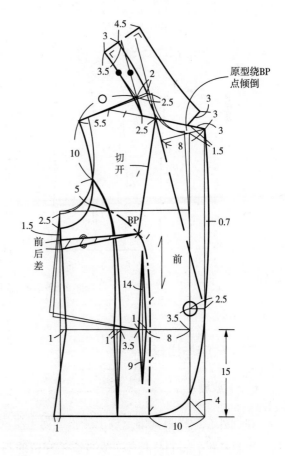

图3-2

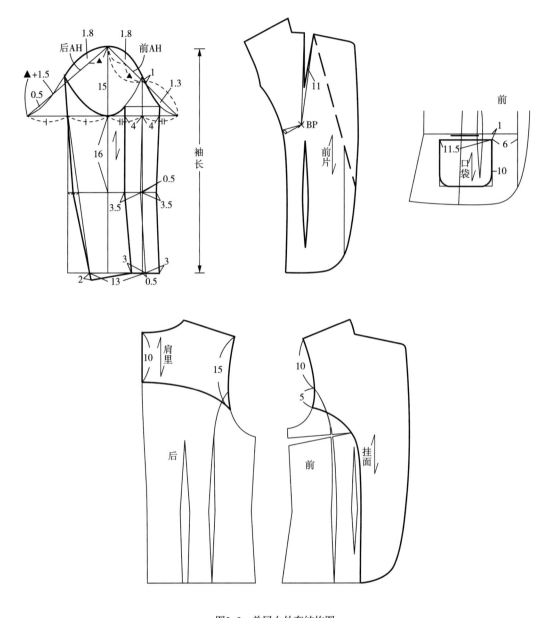

图3-2 单层女外套结构图

三、放缝与排料

（一）放缝

在女外套净样板基础上放出缝份即得毛板样板，工业生产所用的样板包括面料样板、里料样板、衬料样板等。女外套毛样板的制作方法如图3-3所示。里料样板只有口袋里，口袋里的放缝方法是口袋净样板上口去掉2.5cm，四周放缝1cm。

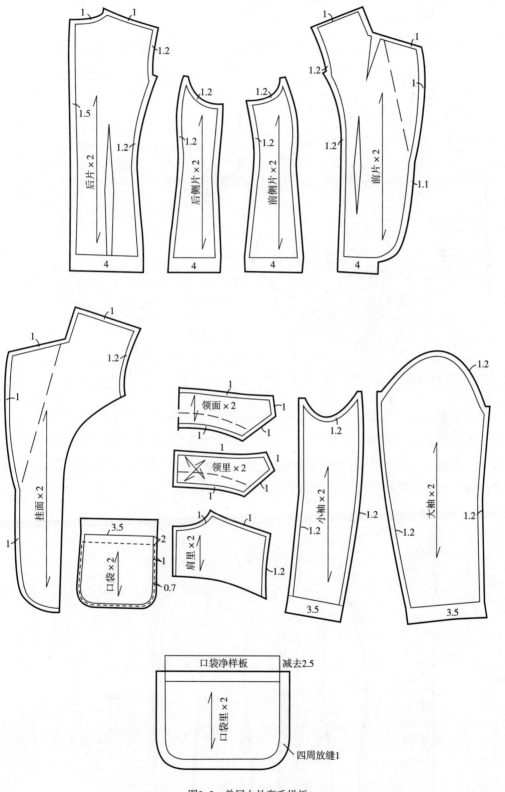

图3-3 单层女外套毛样板

（二）排料

排料以幅宽72cm×2为例，排料方法如图3-4所示，用料长度约150cm。

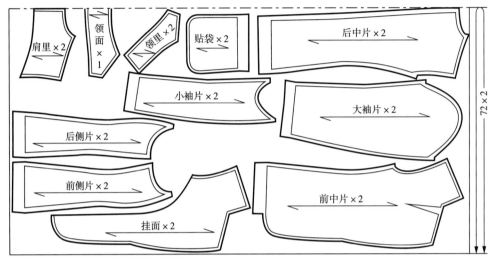

图3-4　单层女外套排料图

（三）粘衬

女外套粘衬采用无纺衬，粘衬部位包括前中片、前侧片、后中片、后侧片的下摆、挂面整片、袖口、领面、口袋上口。女外套粘好衬后进行衣片包缝，包缝部位包括前中片、前侧、后中片、后侧的分割线和下摆，挂面内侧、大小袖片分割线和袖口、肩里下摆。女外套粘衬与衣片包缝如图3-5所示。

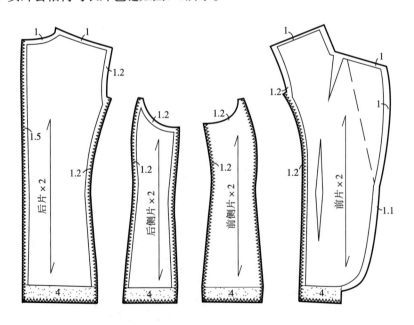

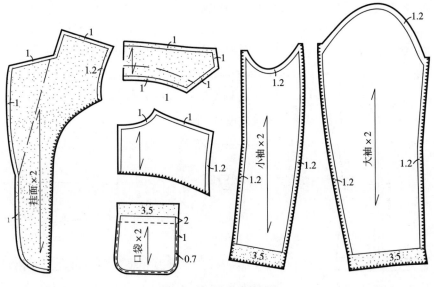

图3-5 单层女外套粘衬图

四、工艺流程

单层女外套工艺流程如图3-6所示。

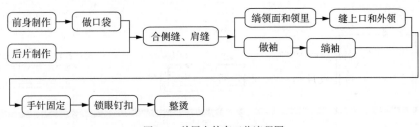

图3-6 单层女外套工艺流程图

五、缝制步骤与方法

(一)前身制作

(1)缉前中片腰省：按划粉印缉腰省，省尖打结，腰省向前中线方向烫倒。

(2)缉前中片领省：缉合领省，省尖打结，领省向前中线方向烫倒。

(3)缝前片刀背缝：将前中片与前侧片正面相对，对准对位点进行缉缝，起头和结尾处倒针；将车好的前衣身放在烫枕上分缝、烫平，在胸部弧线弯处和腰部打剪口，如图3-7所示。

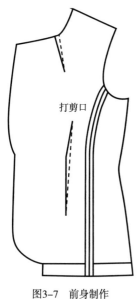

图3-7　前身制作

（二）后片制作

（1）缝后片刀背缝：将后中片与后侧片正面相对，对准对位点进行缉缝，两头倒针。

（2）缝后中缝：将两个后中片正面相对，对准对位点进行缉缝，两头倒针。

（3）将缉好的后片分缝熨烫。

（三）做口袋

（1）扣烫：将口袋面反面画上净样，上口折3.5cm，按净样板进行扣烫。

（2）缉袋布：口袋面和袋里在袋口处正面相对1cm平缝，分缝熨烫。

（3）兜袋布：将袋口反折，对齐面里布，沿净缝线兜袋布，在一侧留口长4~5cm；翻到正面，封好口子，熨烫，注意止口处里布不外露。

（4）定位：按样板在前片定好口袋位置。

（5）缉口袋：将口袋放在口袋位上，袋口处稍松，用手针大针固定；口袋边缘缉0.1cm和0.6cm双明线，袋口回针要结实。制作方法如图3-8所示。

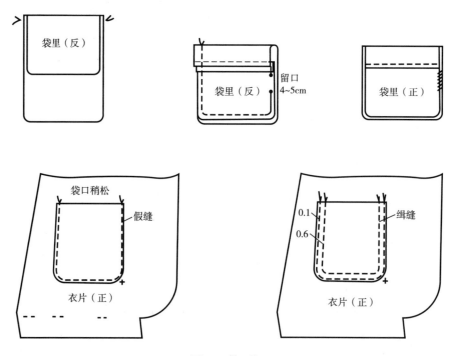

图3-8　做口袋

（四）缉侧缝、肩缝

（1）前后片侧缝、肩缝正面相对沿缝份缉缝，两头倒针。
（2）将缝份分缝熨烫。

（五）缉领子、止口

1.缝合挂面和肩里

两片肩里在后中缝合，分缝熨烫；将挂面和肩里正面相对，在肩缝处沿缝份缉合，将缝份分缝熨烫，如图3-9所示。

2.缝领面

如图3-10、图3-11所示，在挂面和领片上画出净缝，确定领嘴位置，将挂面与领面正面相对，领嘴位置对齐后从左边开始缉缝。缝合至串口线与领窝转折处，将机针摇下，在挂面转折处打剪口，调整好衣片位置继续缉缝领窝位置，至右边转折处同样方法打剪口，缉缝至右边领嘴处回针。缝份分缝熨烫，必要处打剪口。

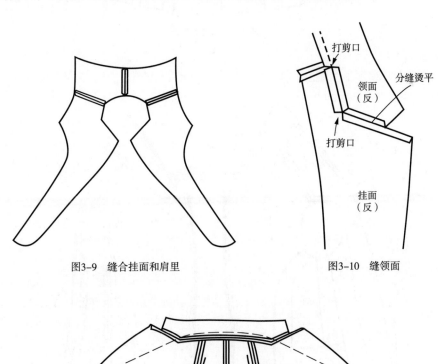

图3-9 缝合挂面和肩里　　　　图3-10 缝领面

图3-11 缝领面效果图

111

3. 缝领里

将两片领里在后中缝合，分缝烫平。同样方法缝合和熨烫衣身和领里。领里缝合后效果如图3-12所示。

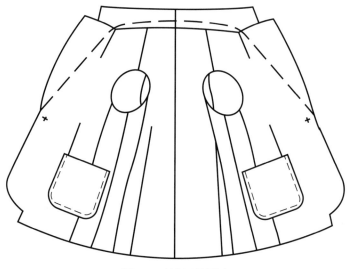

图3-12　缝领里效果图

4. 缉缝止口和领子（图3-13）

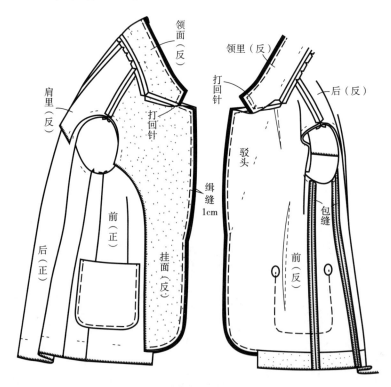

图3-13　缉缝止口和领子

（1）在衣片止口和驳领、挂面及领片反面画出净样，精确修剪缝份至1cm。

（2）将衣片和挂面沿止口线正面相对，从挂面下摆开始绱缝；下驳口位以下，挂面略拉紧，衣片放松，特别是下摆圆角处松量略多；下驳口位以上驳领部分，衣片略拉紧，挂面放松，至领嘴处打回针。

（3）整理领面和领里，上下对齐从领嘴处另起针平缝领片；用相同方法绱缝另一侧至挂面下摆。

（4）修剪缝份至0.5cm。

5. 固定止口里外匀

下驳口位以下部分，缝份倒向挂面，沿边绱0.1cm明线固定里外匀；下驳口位以上部分，缝份倒向衣片，沿边绱0.1cm明线固定；领子部分，缝份倒向领里，沿边绱0.1cm明线固定。

6. 翻烫止口和领子

衣身翻至正面，将止口和领子部分进行熨烫，熨烫时注意止口和领里不外露。烫出翻折线。

7. 固定领子

（1）用手缝针将熨烫好的领外线、串口线、翻领线沿边大针固定，如图3-14（a）所示。

（2）掀开肩里，将领窝处领面和领里的绱领缝份整理好，用平缝机或手针缝合固定，如图3-14（b）所示。

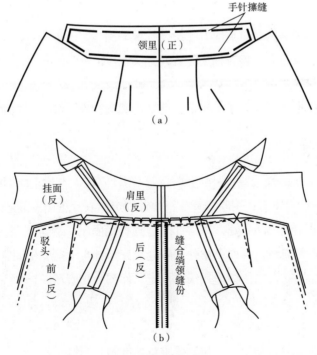

图3-14　固定领子

（六）做袖

（1）缝合大小袖片，缝份分缝熨烫。

（2）将缝纫机的针距调到最大一档，在袖山上半部分距离袖山边沿0.3cm缉线。起始和结尾都要留一段缝纫线，抽出袖山吃量。

（3）将抽出的袖山吃量在凳子上熨烫均匀，如图3-15所示。

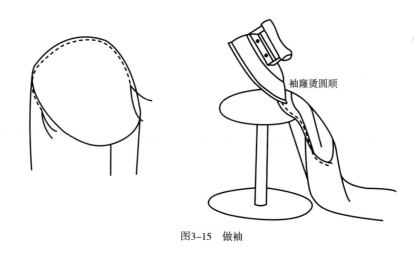

袖窿烫圆顺

图3-15　做袖

（七）绱袖

（1）将袖山和袖窿的对位点对好，缉缝袖窿一周。

（2）将袖子翻至正面，检查袖子位置及饱满程度。

（3）袖窿缝份拷边。

（4）将做好的袖子放在凳子上熨烫，使袖山圆顺饱满。缝份倒向袖子方向。

（八）手针固定

（1）衣身下摆4cm缝份烫折，用暗缲针或三角针固定，衣片正面不能露线。

（2）袖口4cm缝份烫折，用暗缲针或三角针固定，衣片正面不能露线。

（3）挂面处离翻折线2cm处，用拱针平行翻折线固定，缝至离驳点9cm处停止。拱针时，衣片正面不能露线。挂面下摆处用缭缝或三角针与下摆缝份固定。

（4）肩里后中与衣片后中缝份用线襻固定，如图3-16所示。

（九）锁眼、钉扣

按样板上的位置进行锁眼、钉扣，要求位置准确，锁钉牢固。

图3-16　手针固定

（十）整烫

各条缝线、折边处要熨烫平整、压死、驳口翻折线第一扣位向上三分之一不能烫死。从正面熨烫时要垫上烫布，以免损伤布料或烫出极光。

六、评分标准

（1）选用面料合理（10分）。

（2）刀背缝缉线平整，曲线自然圆顺；口袋平整，位置正确，左右对称（20分）。

（3）门襟长短一致，止口不外露（10分）。

（4）翻驳领平整，左右高低对称，窝势自然（15分）。

（5）两片袖位置正确，袖山圆顺（15分）。

（6）规格尺寸符合设计要求（10分）。

（7）线迹顺直，无跳线、浮线，线头清剪干净（10分）。

（8）成衣整洁，各部位熨烫平整（10分）。

实训14　长袖大襟标准夹里旗袍制作工艺

　　旗袍是中华传统服饰代表之一，它具备或部分具备以下典型特征：右衽全开襟或半开襟、立领盘扣、侧摆开衩、衣身连袖的平面裁剪。20世纪三四十年代，由于受到西方服饰文化的影响，当时的旗袍在纸样的处理上采用了西式方法，使原本平裁的旗袍更加合体，突出了女性的胸部和腰部曲线。通过改良后的旗袍逐渐成熟定型，成为现代人公认的经典的旗袍形制。

　　最普遍的标准旗袍款式通常为右开襟，两侧开衩，盘扣开合一直到开衩位置的特点，有胸省、前后片各2个腰省，后片后中连裁，可以做没有里料的单旗袍和有里料的夹里旗袍，绲边可有可无。此实训项目选择有夹里的无绲边长袖款式，长袖大襟标准夹里旗袍，如图3-17所示。实训项目总共包含理论课时和实践课时共计22课时。主要学习旗袍的敷里方法、盘扣制作、有里料款式的开衩制作工艺。

图3-17　长袖大襟标准夹里旗袍款式图

一、实训项目概述

（1）实训内容：长袖标准夹里旗袍的制作工艺，主要内容包括纸样绘制方法、放缝方法、排料方法、工艺流程及缝制方法。

（2）实训目的和要求：通过夹里旗袍制作工艺的学习，使学生了解中国传统服饰旗袍的历史文化及形制特征，掌握旗袍制作中敷里方法与传统盘扣工艺方法，要求每位学生自行裁剪和制作夹里旗袍1件。

（3）知识要点：省道、归拔、烫衬、敷里、开衩、绲领、绲袖、盘扣、手工。

（4）课时数：理论课时+实训课时，共计22课时。

（5）设备与工具：高速工业平缝机、三线包缝机、电熨斗及缝纫工具。

（6）教学方式：课堂讲授、演示与巡回指导结合。

（7）前期知识准备：高速工业平缝机的使用技能、三线包缝机的使用技能、连衣裙结构设计。

（8）材料准备：

①面料：幅宽144cm，长度为裙长+5cm；或幅宽112cm，长度为裙长+袖长+25cm。

②里料：幅宽144cm，长度为裙长+5cm；或幅宽112cm，长度为裙长+袖长。

③衬料：树脂衬10cm、牵条长约50cm。

④辅料：配色涤纶线。

二、纸样绘制

此款旗袍有夹里，规格设计时在三围净体尺寸上各加6cm松量，采用日本文化式原型制图，旗袍大襟腋下省由原型袖窿省转移得到。旗袍成品规格设计见表3-3：

表3-3 成品规格表（号型 160/84A） 单位：cm

部位	衣长	胸围	腰围	臀围	背长	肩宽	臀高	袖长	袖口围	领高
尺寸	106	90	74	96	38	38	19	55	24	4

旗袍前片为非对称结构，后中连裁，结构设计时，腰围线在原型基础上上移1~2cm，里襟胸省开口在袖窿，大前襟胸省开口在侧缝，袖窿省转移到侧缝，位置为腋下向下7~8cm。原型肩胛省分散转移并作为浮余量。里襟和大前襟前中到缝合止点位置是盘扣开合，里襟需要有重叠量，为6~7cm。

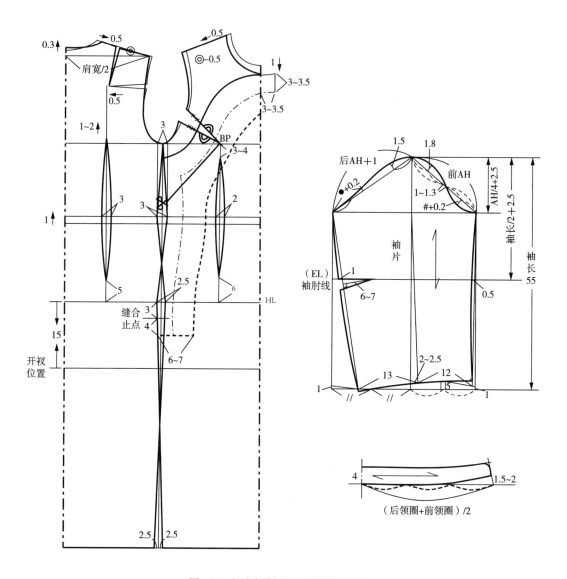

图3-18　长袖大襟标准夹里旗袍结构图

三、放缝与排料

（一）放缝

在净样的基础上放出旗袍面料前片、后片、袖片、领片和大前襟贴边的缝份，沿着放缝后的外轮廓线剪下，得到毛样板，在毛样板上标注部位、丝缕方向及裁片数量，如图3-19所示。按照同样的方法得到旗袍里料的毛样板，如图3-20所示。

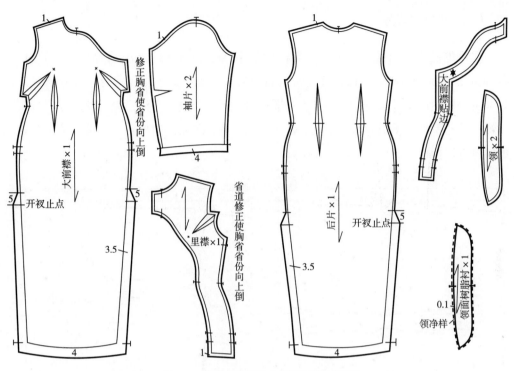

图3-19 长袖大襟标准夹里旗袍面料毛样板

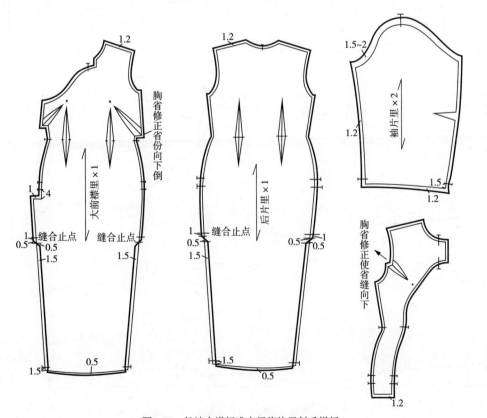

图3-20 长袖大襟标准夹里旗袍里料毛样板

（二）排料与裁剪

　　旗袍的品质和面料息息相关，多采用丝绸、纯毛、纯棉和麻料等品质较高的面料，各种材质的面料幅宽不一致，排料时按照先大裁片再小裁片排料的原则进行排料，尽量减少面料使用总长，面、里料排料如图3-21所示。排料时需注意面料丝缕方向与毛样丝缕一致。例如，丝绒面料，要注意裁片毛向一致；需对条对格对花的可以按照图3-22的实例进行操作。

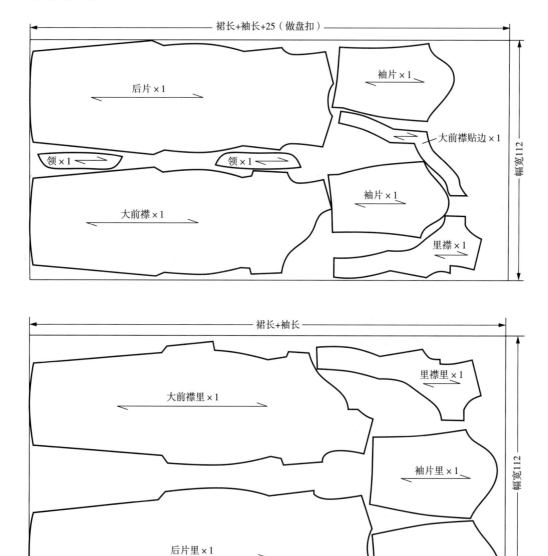

图3-21　长袖大襟标准夹里旗袍面、里料排料图

图3-22　对花实例图

四、工艺流程

长袖夹里旗袍的工艺流程如图3-23所示：

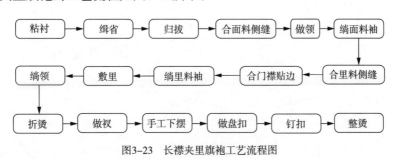

图3-23　长襟夹里旗袍工艺流程图

五、缝制步骤与方法

（一）裁片处理

（1）面料前后片、袖片省道位置、开衩位置、缝合位置、裙摆净样线需做好标记，如图3-24所示。

（2）缉缝面料胸省和腰省，胸省省缝向上烫倒，腰省省缝均烫向中心线方向，如图3-25所示。

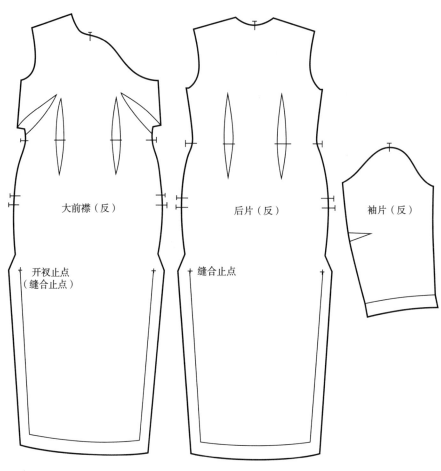

大前襟（反）　　后片（反）　　袖片（反）

开衩止点
（缝合止点）　　缝合止点

图3-24　标记

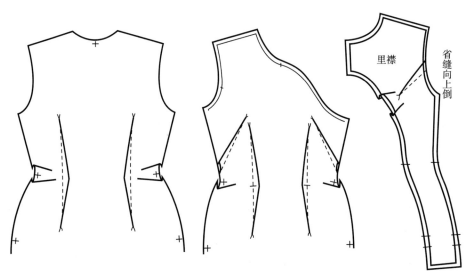

里襟

省缝向上倒

图3-25　烫省

（3）归拔腰部、背部裁片曲线：侧缝腰部拔开，后中腰部位置向内归缩满足人体后腰内凹，臀部侧缝归缩，若有腹凸者腹部稍微拔出弧度，如图3-26所示。

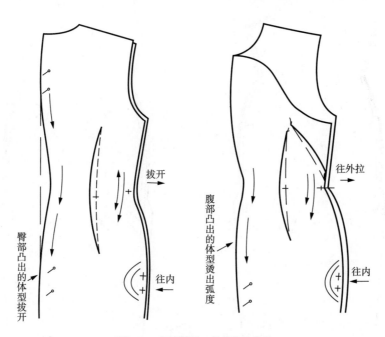

图3-26 归拔腰部、背部裁片曲线

（4）缩烫前襟曲线：前襟曲线从腋下位置到里襟胸省往上3cm的位置，沿着净样线内外0.3cm缉缝，将前片放置在人台上，抽缩缉缝线使前片更合体，取下前片，熨烫抽缩部分至平整，如图3-27所示。

（5）烫牵条：前片从前中至腋下的门襟弧线加上侧缝从腋下到开衩止点往下3cm，后片由腋下至开衩止点往下3cm，袖窿弧线从肩端点往下6～7.5cm（缝合肩缝后烫贴，不易散脱的面料袖窿弧线处可以不烫牵条），牵条压住净样线0.2～0.3cm，弧线处根据需要打剪口，如图3-28所示。

（6）缉缝里料胸省和腰省，胸省省缝向下烫到，腰省省缝烫向侧缝方向，如图3-29所示。

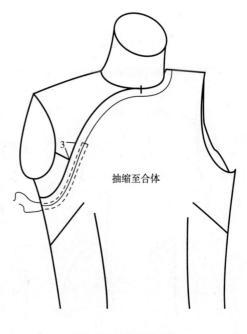

图3-27 缩烫前襟曲线

123

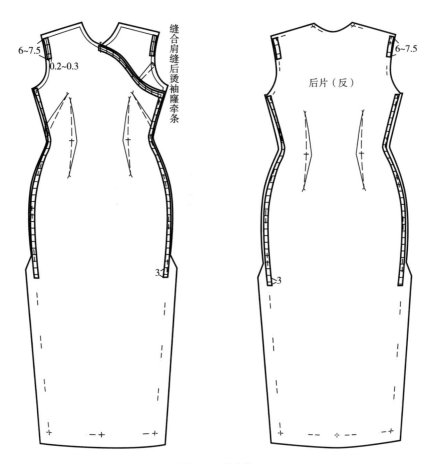

图3-28　烫牵条

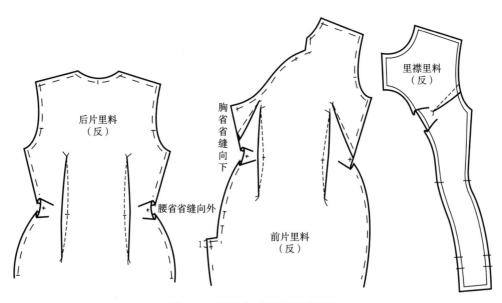

图3-29　里料胸省、腰省的缝烫处理

（7）领面烫树脂衬：在领面反面画上领净样线，放置树脂衬，使树脂衬一周均小于净样线0.1～0.2cm；熨烫固定，使领面平整挺括；领里装领线折烫1cm，如图3-30所示。

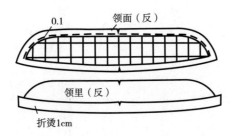

图3-30　领面烫树脂衬

（二）衣片侧缝缝合并分缝烫开

（1）缝合前后侧缝线至开衩止口，止口倒回针，如图3-31所示。

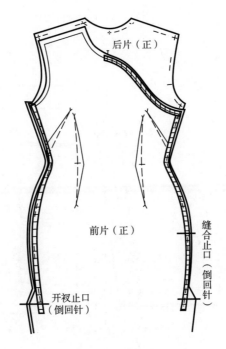

图3-31　缝合前后侧缝线

（2）缝合门襟贴边：将门襟贴边与门襟对位，从前中位置缝合至开衩止点，弧线位置打剪口，翻正扣烫，然后分开门襟和贴边，缝份倒向贴边，在贴边上缉0.1的明线，防止外吐，如图3-32所示。

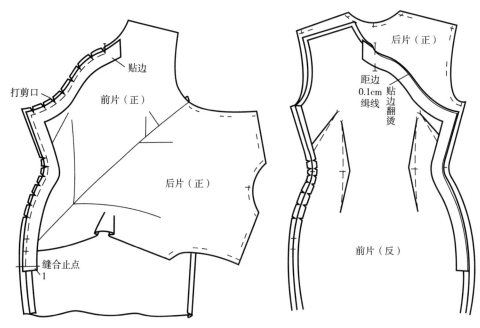

图3-32　缝合门襟贴边

（3）扣烫开衩底摆，如图3-33所示。

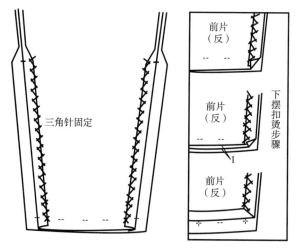

图3-33　扣烫开衩底摆

（三）里料侧缝缝合并分缝烫开

（1）里料侧缝缝合并分缝烫开（图3-34）。

（2）扣烫开衩缝份，缝合底摆（图3-35）。

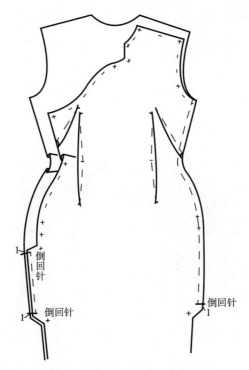

图3-34　里料侧缝缝合并分缝烫开

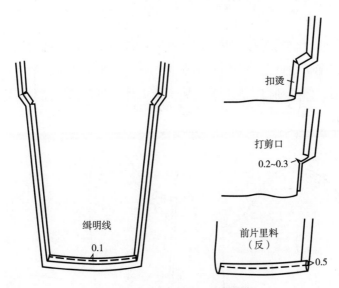

图3-35　扣烫开衩缝头、缝合底摆

（四）零部件缝合

（1）领子缝制：领面与领里正面相对，缝合时领面朝上；修剪缝份至0.5cm，弧线位置打剪口，翻烫平整，防止领里外吐，如图3-36所示。

（2）缝合里襟面里料：里襟面、里料正面相对，从前中一直缝至侧缝处；缝份弧线部分打剪口，翻正整烫后距边0.1cm缉明线，如图3-37所示。

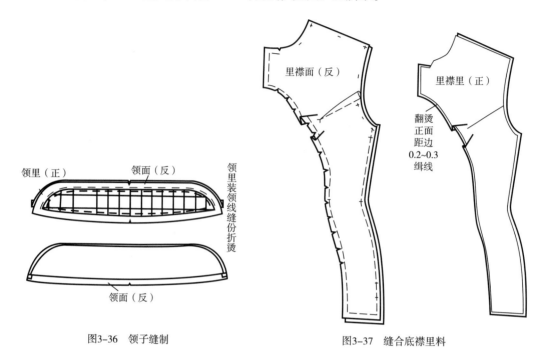

图3-36　领子缝制　　　　　　　　　　图3-37　缝合底襟里料

（3）做袖子：缝合袖肘省，肘省向上倒，折烫袖口贴边，袖山用线假缝；缝合袖缝并分缝烫开，翻折袖口；缝合里料袖肘省，缝份向下倒，缝合袖里料袖缝；将袖子和袖里正面相对，缉缝袖口；翻到袖面料反面向外，将里料和面料折边缝份用三角针固定（图3-38）。

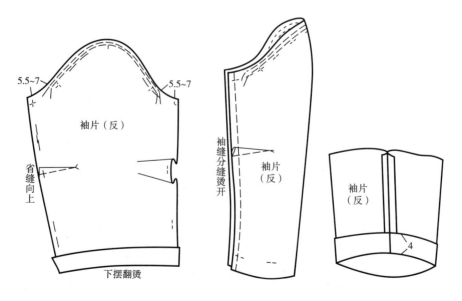

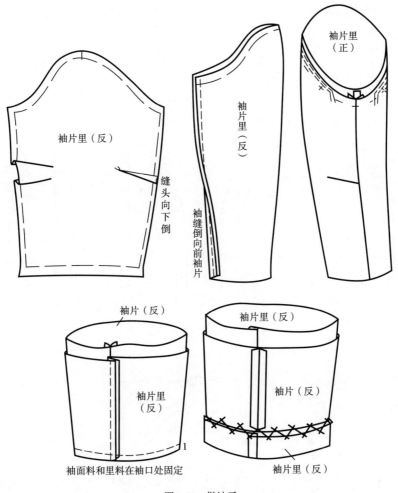

图3-38 做袖子

（五）缝合里襟肩缝

缝合肩缝、里襟侧缝，并分缝烫开；缝合里料肩缝和里襟侧缝，并分缝烫开（图3-39）。

（六）敷里

（1）先将面料大身前面对准里料大身前面反面，将肩缝、大身侧缝的缝份部位固定一段，如图3-40（a）所示。

（2）缝合贴边和里料，贴边和里料门襟位置对位缝合，弧线部分打剪口，缝份倒向贴边，如图3-40（b）所示。

（3）将里料开衩位置用暗缲缝固定在面料上，如图3-40（c）所示。

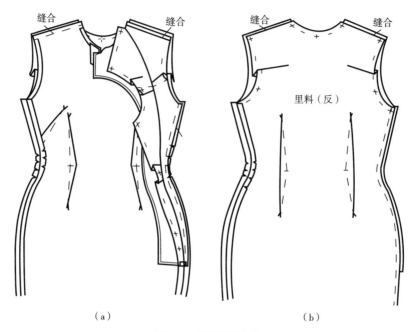

图3-39 缝合里襟肩缝

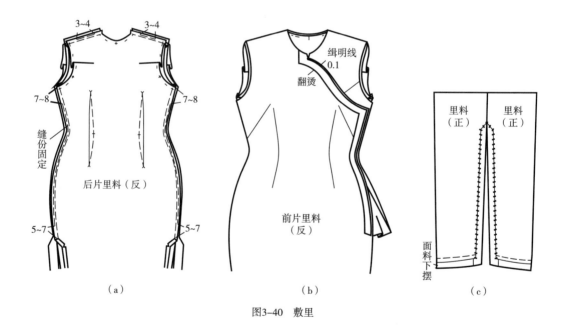

图3-40 敷里

（七）绱领

（1）将没有扣光的领面的领下口线和领窝正面相对绱线，缝份上打剪口，缝份倒向衣身。

（2）领里扣光领下口线，压住里料暗缲缝固定，如图3-41所示。

图3-41　绱领

（八）绱袖

（1）从下摆处翻到面料和里料的反面，将袖子与大身假缝固定，再缉缝，注意吃势的分配，袖山顶多分配一点。

（2）将大身里料袖窿与袖子里料袖窿缝合，缝合后，里料缝份和袖窿缝份倒向袖子，在袖山顶和袖窿底处分别缉缝3~4cm固定。

（九）盘扣与钉扣

（1）45°斜裁宽3cm、长度30cm的布条，如图3-42所示。

（2）布条对折，距对折中心线0.7cm缉线，尾部缉三角（图3-43）；再用手缝针穿上多股线从尾部三角位置穿进从另一端穿出来，翻堂形成扣条。

（3）盘扣编结（图3-44）。

图3-42　布条

图3-43　制作扣条

3　刮浆　30　0.7　用手缝针穿多股线从尖端往里翻堂

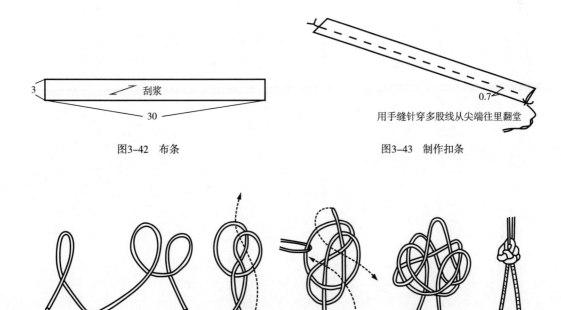

图3-44　盘扣编结

（4）将做好的旗袍放置在人台上，按照设计在开襟位置定扣位，然后将扣子手缝在面料上。

六、评分标准

（1）面料选用合理，裁片丝缕正确（10分）。

（2）线迹顺直、无跳线、浮现，线头清理干净（10分）。

（3）领子挺直平整，有里外匀（20分）。

（4）大前襟服帖，不外吐（10分）。

（5）面料不起吊，面里料平整（20分）。

（6）开衩平整，左右对称（10分）。

（7）盘扣扣头紧实，钉扣整洁（10分）。

（8）旗袍整体整洁，各部位熨烫平整（10分）。

实训15 短袖圆襟单旗袍制作工艺

随着拉链的发明与引入，旗袍为了更方便的开合，出现了侧缝位置的盘扣改为拉链，或者盘扣只是装饰，后中用拉链的开合方式。本实训项目选择短袖圆襟单旗袍是一款右开襟到腋下，侧缝隐形拉链开合，裙摆两侧开衩，开襟、下摆及开衩位置、袖口均采用绲边工艺，没有里料的单旗袍，如图3-45所示。主要学习绲边工艺与做绲边的开衩工艺，理论课和实践课时共16课时。

图3-45 短袖圆襟单旗袍款式图

一、实训项目概述

（1）实训内容：短袖圆襟单旗袍的制作工艺，主要内容包括纸样绘制方法、放缝方法、排料方法、工艺流程及缝制方法。

（2）实训目的和要求：通过短袖圆襟单旗袍制作工艺的学习，使学生了解旗袍绲边的制作工艺以及传统盘扣工艺方法。要求每位学生自行裁剪制作单旗袍一件。

（3）知识要点：省道、归拔、烫衬、绲边、开衩、绱领、绱袖、盘扣。

（4）课时数：理论课时+实训课时，共计16课时。

（5）设备与工具：高速工业平缝机、三线包缝机、电熨斗及缝纫工具。

（6）教学方法：课堂讲授、演示与巡回指导结合。

（7）前期知识准备：高速工业平缝机的使用技能、三线包缝机的使用技能、旗袍结构设计。

（8）材料准备：

①面料：幅宽144cm，长度为裙长+5cm；或幅宽112cm，长度为裙长+袖长+5cm。

②衬料：树脂衬10cm。

③辅料：配色涤纶线、配色隐形拉链1根。

二、纸样绘制

短袖圆襟单旗袍，没有里料，规格设计时在三围净体尺寸上各加6cm松量，采用日本文化式原型制图，旗袍大襟腋下省由原型袖窿省转移得到。旗袍成品规格设计见表3–4。

表3-4　成品规格表（号型160/84A）

单位：cm

部位	衣长	胸围	腰围	臀围	背长	肩宽	臀高	袖长	领高
尺寸	106	90	74	96	38	38	19	18	4

旗袍前片为非对称结构，后中连裁，结构设计时，腰围线在原型基础上上移1~2cm，里襟胸省开口在袖窿，大前襟胸省开口在侧缝，袖窿省转移到侧缝，位置为腋下向下7~8cm。原型肩胛省分散转移并作为浮余量。里襟和大前襟前中到腋下位置是盘扣开合，里襟需要有重叠量，为6~7cm（图3–46）。

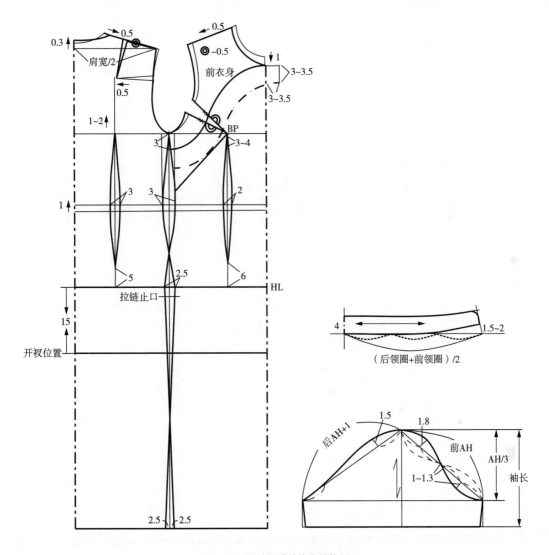

图3-46　短袖圆襟单旗袍结构图

三、放缝与排料

（一）放缝

在净样的基础上放出旗袍面料前片、后片、袖片、领片的缝份，绲边部位不需要放缝。沿着放缝后的外轮廓线剪下，得到毛样板，在毛样板上标注部位、丝缕方向及裁片数量（图3-47）。

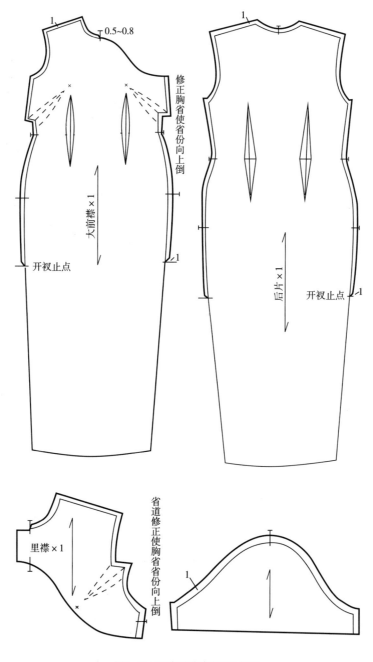

图3-47 短袖圆襟单旗袍毛样板

（二）排料与裁剪

与实训14的排料、裁剪方法一致，排料图如图3-48所示。排料后的空白部分用来做盘扣。

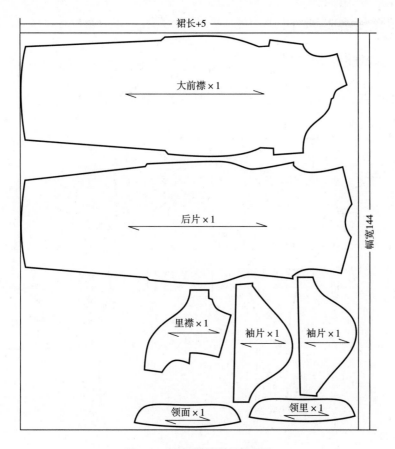

图3-48　短袖圆襟单旗袍排料图

四、工艺流程

短袖圆襟单旗袍的工艺流程如图3-49所示：

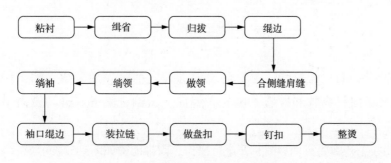

图3-49　短袖圆襟单旗袍工艺流程图

五、缝纫步骤与方法

（一）裁片处理

（1）面料前后片、袖片省道位置、开衩位置、缝合位置、拉链起止位置需做好标记，如图3-50所示。

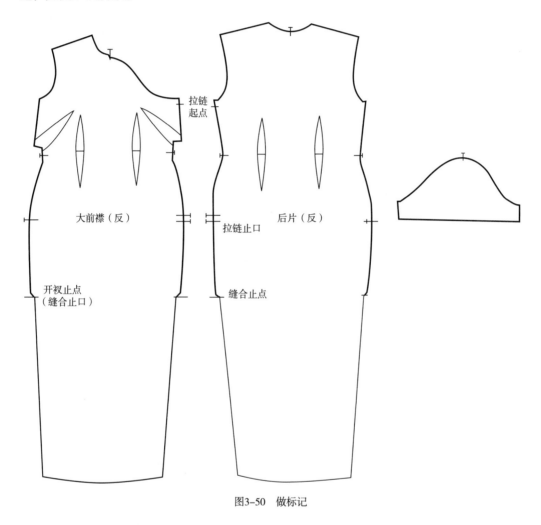

拉链
起点

大前襟（反）

后片（反）

拉链止口

开衩止点
（缝合止口）

缝合止点

图3-50　做标记

（2）包缝：裁片的肩线、侧缝的放缝部分、袖窿、袖下线、袖山位置进行包缝，然后缉缝面料胸省和腰省，胸省省缝向上烫倒，腰省省缝均烫向中心线方向（图3-51）。

（3）归拔工艺参照实训14图3-26进行操作，前襟缩烫如图3-52所示。

（4）裁片绲边：大前襟斜襟位置、下摆及开衩位置绲边，里襟曲线位置、后片下摆及开衩位置进行绲边（图3-53）。

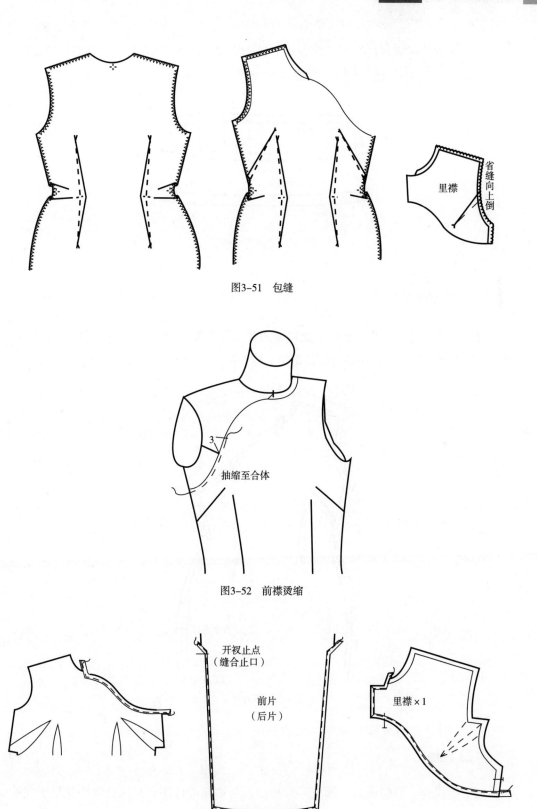

图3-51 包缝

图3-52 前襟烫缩

图3-53 裁片绲边

（5）领面烫树脂衬：在领面反面画上领净样线，放置树脂衬，使树脂衬一周均小于净样线0.1~0.2cm；熨烫固定，使领面平整挺括；领里装领线折烫0.9cm（图3-54）。

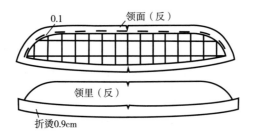

图3-54　领面烫树脂衬

（二）衣片缝合

缝合左侧侧缝线至开衩止口，止口倒回针。里襟侧缝与大前襟重叠的部分先缝合，然后与后片侧缝拼合，空出隐形拉链部分。缝合肩线，分缝烫开（图3-55）。

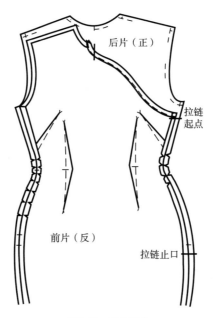

图3-55　衣片缝合

（三）绱袖

袖下线拼合，分缝烫开，形成环形袖山，与袖窿进行拼合，保证吃势量集中在袖山顶点左右5cm范围内。

（四）领子缝制

领面与领里正面相对，缝合时领面在上。修剪缝份至0.5cm，弧线位置打剪口，翻烫平整，防止领里外吐（图3-56）。

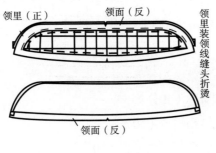

图3-56　领子缝制

（五）绱领

领面正面装领线与衣身正面领窝线相对，绱缝1cm，将缝份倒向领子内部，使领里盖住缝份，再从正面沿着领面与领窝拼合线车线，使领里与领面缝合在一起，领里的车线距边0.1cm（图3-57）。

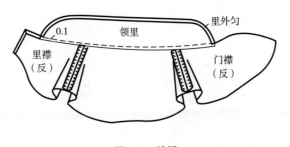

图3-57　绱领

（六）绱拉链

用专用隐形拉链压脚将拉链与右侧缝开口处的缝份缝在一起。在缝隐形拉链时，缝线尽可能地靠近拉链齿，同时要尽可能拉开卷曲的拉链齿防止被缝线缝住。缝好一边的拉链后，要进行试拉，保证拉链开合顺滑。

（七）盘扣与钉扣

从前中到腋下，定好盘扣位置，按照实训14图3-42～图3-44制作盘扣并钉扣。

六、评分标准

（1）面料选用合理，裁片丝缕正确（5分）。

（2）线迹顺直、无跳线、浮现，线头清理干净（10分）。

（3）领子挺直平整，有里外匀（20分）。

（4）大前襟服帖，不外吐（5分）。

（5）绲边平整，线迹均匀，转角折角明显（10分）。

（6）隐形拉链平整不外露（20分）。

（7）开衩平整，左右对称（10分）。

（8）盘扣扣头紧实，钉扣整洁（10分）。

（9）旗袍整体整洁，各部位熨烫平整（10分）。

实训16　圆领短袖连衣裙制作工艺

连衣裙是女装中常见的一个服饰品种，其特点是上装与裙子连接在一起的连身结构。以选择薄料制作的夏季连衣裙为主，也可选用不同薄厚质地的面料和变化多样的款式，在其他季节穿着。

概括地说，连衣裙的结构主要分为断腰节和连腰节两大类。但是，连衣裙可以在领部、袖子、裙长、裙摆等处变化；也可以通过外形结构、腰节位置、分割线位置及方式的变化而产生各种不同的样式特点。

连衣裙面料可选择棉、麻、丝、毛、混纺、化纤等悬垂性较好的面料用于日常装，也可选择有特殊效果要求的各种天然或人造纤维织物用于舞会、晚礼服。

在这个实训项目中，选择典型的连衣裙的工艺进行讲授。该款式属较适体的，带有分割线、收腰、放摆的结构形式，可称为适体刀背缝宽摆连衣裙，圆领，短袖，左侧缝装拉链，右侧缝装口袋，无里料，可选轻薄且悬垂性较好的面料制作，适宜夏季青年女子穿着。连衣裙款式如图3-58所示。该款连衣裙款式虽然简练，但其制作工艺基本上包括了一般连衣裙的制作要点。

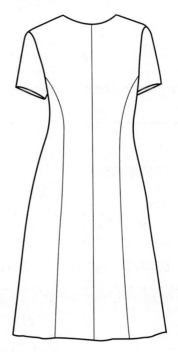

图3-58　圆领短袖连衣裙款式图

一、实训项目概述

（1）实训内容：连衣裙的制作工艺，主要内容包括纸样绘制方法、放缝方法、排料方法、工艺流程及缝制方法。

（2）实训目的和要求：通过连衣裙制作工艺的学习，使学生掌握连衣裙制作工艺的知识和技能。要求每位学生自行裁剪和制作连衣裙1条。

（3）知识要点：领口领贴、侧缝拉链、侧缝袋。

（4）课时数：理论课时+实训课时，共计16课时。

（5）设备与工具：高速工业平缝机、三线包缝机、蒸汽电熨斗及缝纫工具。

（6）教学方式：课堂讲授、演示与巡回指导结合。

（7）前期知识准备：连衣裙的结构设计。

（8）材料准备：

①面料：幅宽144cm，长度为衣长+袖长。

②衬料：无纺衬约50cm。

③辅料：配色涤纶线、配色拉链1根。

二、纸样绘制

选择女子中间体号型160/84A，由此制订相应的成品规格，连衣裙的成品规格见表3-5。前片、后片和袖片纸样绘制方法如图3-59所示。按上述结构图绘制得到连衣裙的前中片、前侧片、后中片、后侧片、袖片的净样板。

表3-5　连衣裙成品规格表（号型 160/84A）　　　　单位：cm

部位	后中裙长	胸围	背长	袖长	腰围
尺寸	101	94	37	18	76

三、放缝与排料

（一）放缝

在连衣裙净样板的基础上，放出前中片、前侧片、后中片、后侧片、袖片等的缝份与裙片下摆贴边（图3-60）。沿其外轮廓线剪下，便得到了连衣裙的毛样板。在每块毛样板上标注其部位、纱向及裁剪的片数，以此作为裁剪的依据。

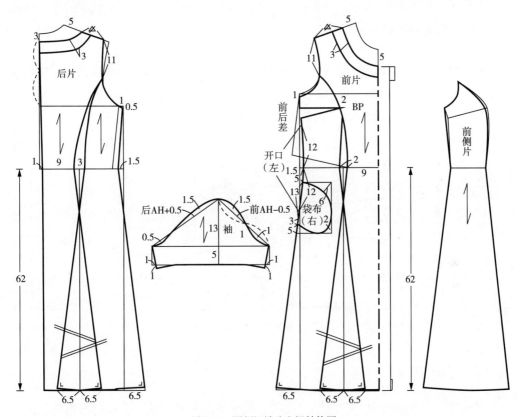

图3-59 圆领短袖连衣裙结构图

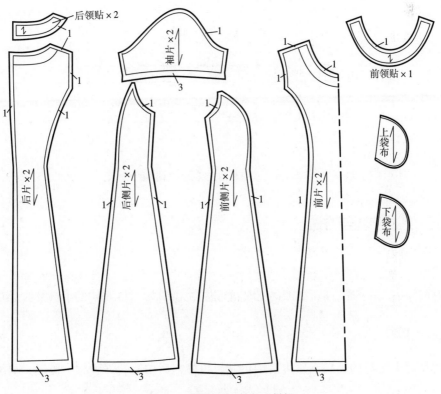

图3-60 圆领短袖连衣裙毛样板

（二）排料与裁剪

适合做连衣裙的面料种类很多，面料的幅宽也有多种规格。在此选择常用面料幅宽72cm×2（"双幅"面料）。按照毛样板上所标注的裁剪片数及纱向要求，将其排列在面料上，沿外轮廓线画样裁剪，如图3-61所示。

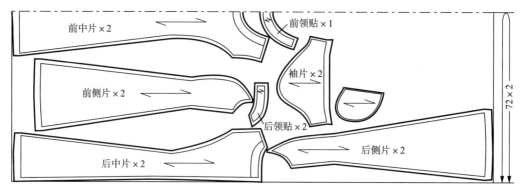

图3-61　圆领短袖连衣裙排料图

四、工艺流程

连衣裙工艺流程按图3-62所示。因考虑初学者的因素，此工艺流程按照缝制的步骤设置。

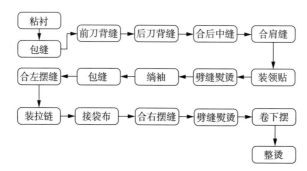

图3-62　圆领短袖连衣裙工艺流程图

五、缝制步骤与方法

（一）粘衬

在前领贴、后领贴、前后左侧片的侧缝部位粘无纺衬，图3-63中的小点表示无纺衬。

（二）包缝

将粘好无纺衬的领贴下口边沿用包缝机包缝，后中缝、刀背缝、侧缝、肩缝等部位也分别包缝，如图3-63所示。

（三）缉前片刀背缝

将前中片和前侧片正面相对，前中片在下，前侧片在上，沿净缝线缉缝，腰节处对位；缝份劈缝熨烫，要将缝份烫平、烫死；腰部应拔开，胸部放在烫枕上烫出乳胸曲面（图3-64）。

（四）拼缝后片

（1）后中片与后侧片正面相对，后中片在下，后侧片在上，在反面沿净缝线缉缝，腰节处对位，如图3-65（a）所示。

（2）两后刀背缝缉缝好后，将左右两片后中缝对齐，正面相对，在反面沿净缝线进行缉缝，缝线要平服、顺直，不能有吃势，如图3-65（b）所示。

（3）劈烫两后刀背缝和后中缝，缝份要烫平、烫死。后中缝腰节以上要将弧线用熨斗归顺直，如图3-65（c）所示。

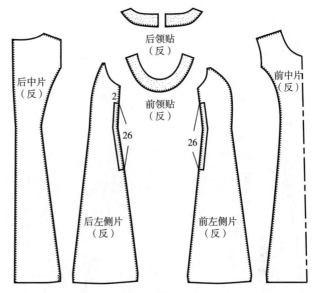

图3-63 粘衬与包缝

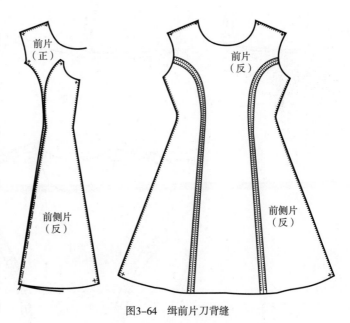

图3-64 缉前片刀背缝

（五）合肩缝

前肩缝在上，后肩缝在下，正面相对在反面沿净缝线缉缝。合肩缝时注意，缝线要顺直，后肩缝需适量缩缝。缝合后，将前后肩缝劈烫开（图3-66）。

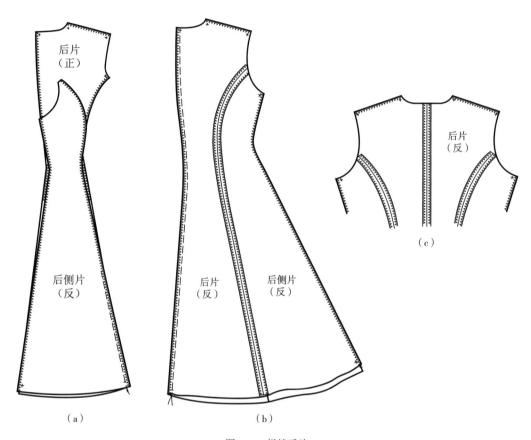

（a）　　　　　　　　　（b）

（c）

图3-65　拼缝后片

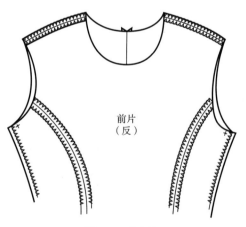

图3-66　合肩缝

（六）缉缝领贴

（1）将前、后领贴肩缝处正面相对缝合并劈烫，如图3-67（a）所示。

（2）将领贴与衣片正面相对，沿领口缝份绱缝，注意缝线平服，不要有吃势，如图3-67（b）所示。

（3）在领贴正面压0.1cm止口，将缝份一起绱住，如图3-67（c）所示。

（4）翻至正面，将领贴烫平。熨烫时将领贴适当推进一些，保证领口不要倒吐，如图3-67（d）所示。

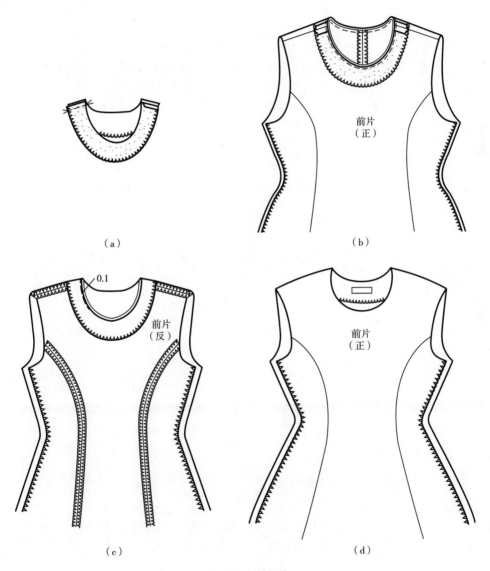

（a）　　　　　　　　　　（b）

（c）　　　　　　　　　　（d）

图3-67　绱缝领贴

（七）绱袖

（1）将袖子两侧缝包缝。

（2）袖片正面向上，衣片正面向下，将袖山弧线边沿和袖窿弧线边沿对齐，沿袖窿净缝线绱缝袖子。缝合时注意，前袖山弧线和前袖窿弧线对应，后袖山弧线和后袖窿弧线对应，袖子顶点与肩缝对位，袖山中上部有吃势，缝线要圆顺，如图3-68所示。

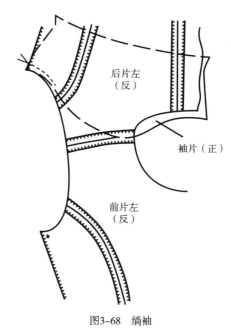

图3-68　绱袖

（3）绱袖后，衣片在上，袖片在下，一起包缝袖窿处的毛缝，缝份倒向袖片，如图3-69所示。

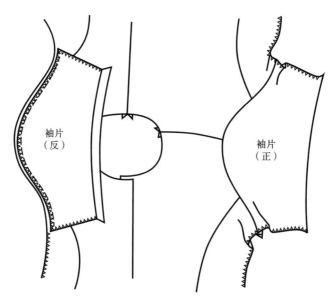

图3-69　包缝袖窿处毛缝

（八）装拉链、合摆缝、做口袋

（1）将左摆缝处正面相对，沿净缝线缉缝；缝合时留出拉链开口位置24cm不缝；缝合时注意袖底"十字路口"要对齐（图3-70）。

（2）使用隐形拉链压脚，在左摆缝开口处缝上隐形拉链。

（3）将两片袋布各缉缝在右前侧片和右后侧片袋位处，上层袋布缉缝缝份为0.5cm，下层袋布缉缝缝份为1cm，并将袋布折倒烫平，在上层袋布袋口处缉0.1cm止口（图3-71）。

（4）将右摆缝处正面相对，沿净缝线缉缝。缝合时留出袋口位置不缝，袋口上下两端倒针加固。

（5）右侧摆缝缝合后，缉缝袋布并包缝好。

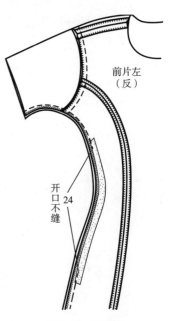

图3-70 装拉链

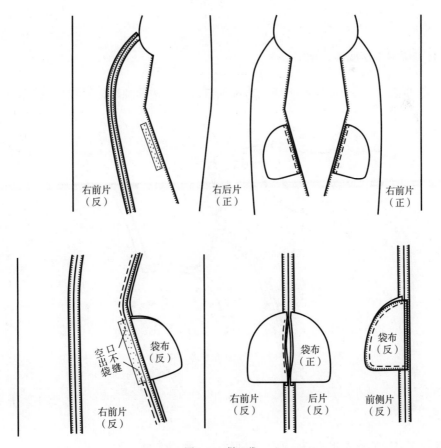

图3-71 做口袋

151

（6）劈缝熨烫摆缝，袋布倒向前侧片熨烫平服（图3-72）。

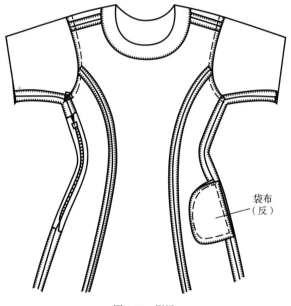

袋布
（反）

图3-72　熨烫

（九）缉缝下摆底边、袖口边

用卷边缝的方法分别缉缝下摆底边和袖口边，折边要准确，缝线顺畅，熨烫平服，如图3-73所示。

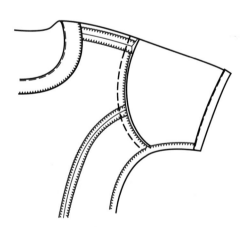

图3-73　缉缝下摆底边、袖口边

（十）整烫

将制作完毕的连衣裙检查一遍，清剪线头，熨烫平整。

六、评分标准

（1）选用面料合理（10分）。

（2）领部平挺，领贴止口不反吐（10分）。

（3）两袖长短一致、左右对称，装袖吃势均匀（20分）。

（4）左右对称、长短一致（10分）。

（5）拉链缉线平服，拉链周围布料平整，无起皱、吃、赶、纵的现象，隐形拉链不外露（10分）。

（6）口袋平服，袋布不外露（10分）。

（7）袖口、下摆卷边平整，无链形，止口一致（10分）。

（8）各部位尺寸符合设计要求（10分）。

（9）线迹平整，无跳线、浮线，线头修剪干净，各部位熨烫平整（10分）。

实训17　男西服制作工艺

　　男西服也称男西装，通常指具有规范形式的男西式套装，已成为男士的国际性服装。男西服分日常装和礼服装。在这个实训项目中，选择单排扣圆摆平驳头标准男西服的工艺进行讲授。此款男西服属日常装，款式特征为平驳头、单排两粒扣、左胸有一个手巾袋，前片有两个西装袋，袖子为两片圆装袖，有袖衩，里料为全托式，如图3-74所示。此实训项目所选男西服款式的制作工艺基本上包括了一般男西服的制作要点，因此选用该款男西服作为基本款男西服的实验项目。

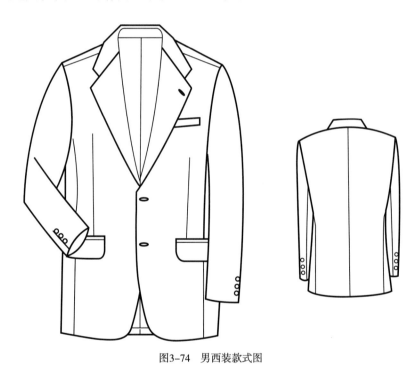

图3-74　男西装款式图

一、实训项目概述

　　（1）实训内容：男西服的制作工艺，主要内容包括纸样绘制方法、放缝方法、排料方法、工艺流程及缝制方法。

　　（2）实训目的和要求：通过男西服制作工艺的学习，使学生掌握男西服制作工艺的知识和技能。要求每位学生自行裁剪和制作男西服1件。重点要求掌握内容如下：

①面料样板、里料样板、粘衬样板的缝份处理方法。

②男西服衬料的配置和敷衬的方法。

③面料、里料的排料和裁剪方法。

④男西服的缝制工艺流程。

⑤男西服的整烫方法。

（3）知识要点：西装袋、手巾袋、门襟止口、西装领、西服袖衩、两片袖、绱两片圆装袖、里料。

（4）课时数：理论课时+实训课时，共计40课时。

（5）设备与工具：高速工业平缝机、黏合机、蒸汽电熨斗及缝纫工具。

（6）教学方式：课堂讲授、演示与巡回指导结合。

（7）前期知识准备：男西服的结构设计。

（8）材料准备：

①面料：男西服所采用的面料主要有纯毛及毛混纺面料等。幅宽144cm，长度为衣长+袖长。

②衬料：衬以黏合衬使用较多，有有纺衬和无纺衬之分。无纺衬50cm，有纺衬100cm，另外还需已经制作完成的挺胸衬1对，黑炭衬少量，针刺棉少量。

③里料：里料具有光滑、耐磨、耐洗、不掉色的特性，常用里料有美丽绸、醋酸醋纤维绸、尼龙绸、涤美绸等品种，可根据面料的材质合理选配。幅宽144cm，长度为衣长+袖长。

④辅料：配色涤纶线、配色西服门襟扣子2粒，袖口扣子6粒，垫肩1付。

⑤其他：领底呢（斜料1片）。

二、纸样绘制

男西服的纸样绘制方法有多种，这里仅以比例裁剪法为例，介绍男西服样板的绘制方法。需测量的尺寸有胸围、背长、袖长等，男西服成品规格见表3-6。前片、后片纸样绘制方法如图3-75所示，袖片的纸样绘制方法如图3-76所示。按上述结构图绘制得到男西服的前片、后片、袖片、领片的净样板。

表3-6　男西服成品规格表（号型 170/88A）

单位：cm

部位	衣长	胸围	腰围	领围	总肩宽	袖长	袖口宽	背长
尺寸	76	106	92	40	44	58.5	15	44

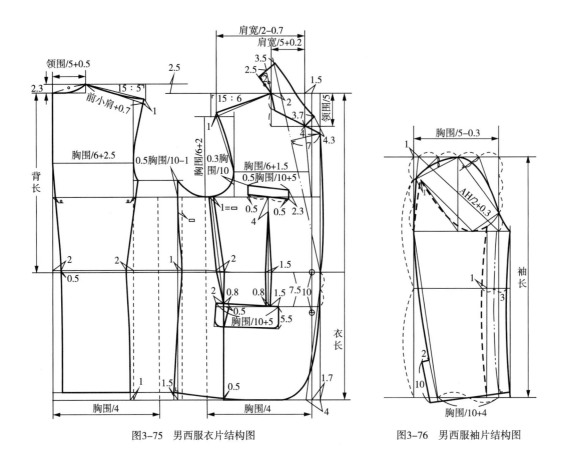

图3-75 男西服衣片结构图　　　　图3-76 男西服袖片结构图

三、放缝与排料

（一）放缝

　　男西服的工业样板有面料样板、里料样板和衬料样板。在男西服净样板的基础上，按照一定的规则放缝，分别得到这些样板。男西服的面料样板放缝方法如图3-77所示。领里呢用斜料，上口同净样，下口比净样多1cm。衣片的里料样板如图3-78所示，零部件里料样板如图3-79所示。

　　衬料样板如图3-80所示裁剪。注意衬料的样板应比面料毛样板周边缩进0.3cm，以避免粘衬时，衬上的热融胶污染黏合机的传送带或烫台。大身衬用有纺黏合衬，以衣片毛样为基础裁衬，在腰省处用划粉划出，格纹表示有纺衬。挂面衬用薄无纺衬，大小按挂面毛样剪，小点表示无纺衬。袖口、侧片腋下贴有纺衬，后片下摆贴4cm宽有纺衬。

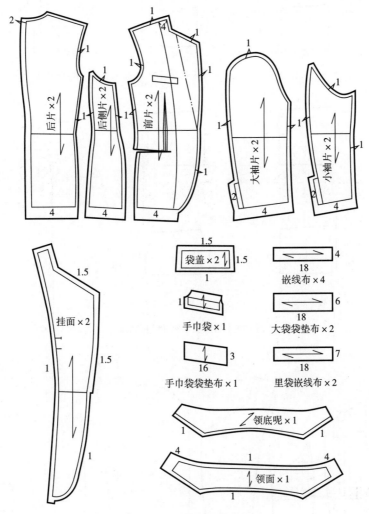

图3-77 男西服面料毛样板

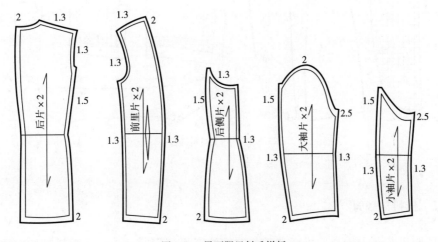

图3-78 男西服里料毛样板

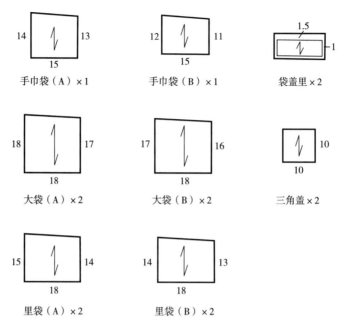

图3-79　男西服零部件里料毛样板

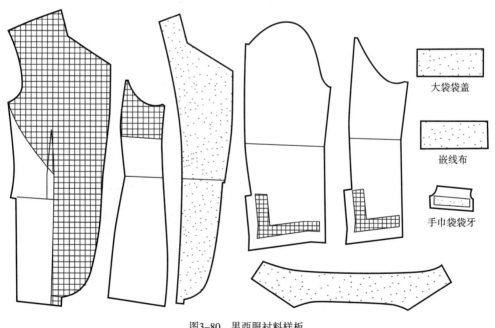

图3-80　男西服衬料样板

（二）排料与裁剪

男西服工艺要求较高，排料和裁剪时应注意下列问题：第一，面料的方向性，有倒顺的面料在同一套服装中要保证方向一致；第二，纱向要顺直，大衣片一般不得倾斜；第三，条格面料要注意对条格。

适合做男西服的面料种类很多，面料的幅宽也有多种规格。在此选择常用面料幅宽72cm×2的"双幅"面料。按照毛样板上所标注的裁剪片数及纱向要求，将其排列在面料上，沿外轮廓线画样裁剪，如图3-81所示。里料的排料方法如图3-82所示，幅宽144cm。

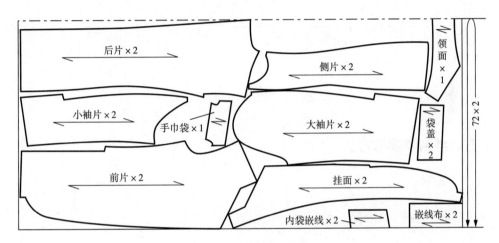

图3-81　男西服面料排料图

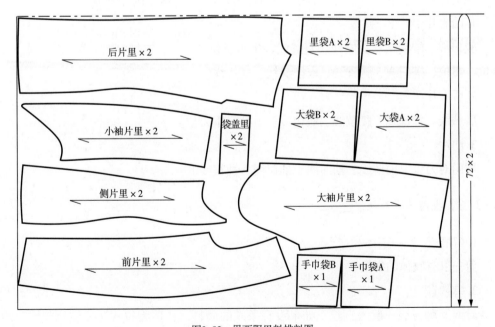

图3-82　男西服里料排料图

159

四、工艺流程

男西服工艺流程如图3-83所示。因考虑初学者的因素，此工艺流程按照缝制的步骤设置。

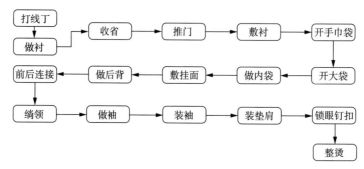

图3-83　男西服工艺流程图

五、缝制步骤与方法

（一）粘衬

衬料可参考图3-80配置，使用黏合机黏合。

（二）打线丁

在前衣片、后衣片、袖片、领子等衣片上打线丁。打线丁的位置如下：

1. 前衣片

驳口线、缺嘴线、领圈线、肩缝线、手巾袋位(左片)、前袖窿眼刀位、腰节线、大袋位、纽位、搭门线、胸省线、衣摆缝线、底边线。

2. 后衣片

后领线、背缝线、腰节线、底边线、后袖窿眼刀位。

3. 袖片

袖山对刀位、袖偏线、袖肘线、袖口线、袖衩线。

（三）收省

1. 剪肛省

剪去肛省收掉的省量。

2. 缉胸省

男西服胸省线一般为直丝，如果没有条纹的面料，在剪胸省线时要注意丝缕。缉线时注意胸省位的造型，胸省不能缉成胖形或平尖形，胸省位大小在腰节处为1.2cm，大袋处为0.8cm。剪胸省从大袋口至省尖点下3.5cm或4cm。缉合时，在未剪开处垫条斜丝面料布。将线丁头拿掉，将胸省缝份劈烫，如图3-84所示。

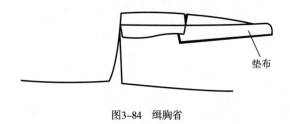

图3-84　缉胸省

3. 拼腋下缝

要注意腰节线与底边线的线丁对准，大身衣片在袖窿深线下10cm处吃进0.3cm或0.5cm。缝份劈烫。

4. 袋口打人字针

袋口打人字针并做牢，如图3-85所示。

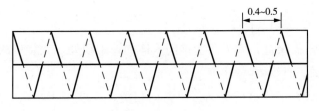

图3-85　袋口打人字针

（四）推门

1. 归拔前片

先归拔左前片，反面向上，止口靠身边（右前片则相反），将止口直丝外弹0.6cm。熨斗从腰节处向止口方向顺势拔出，然后顺门襟止口向底边方向伸长。要求止口腰节处丝缕烫平、烫挺。熨斗反手向上，在胸围线处归拔驳口线，丝缕向胸省尖处推归、归顺，如图3-86所示。

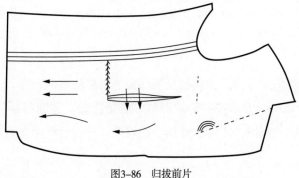

图3-86　归拔前片

2. 归拔中腰及袖窿处（图3-87）

把胸省位至胁省的腰吸回势归到胁省至胸省的1/2处。熨烫时一定要归平、归煞，以防回缩。归烫袖窿时注意：袖窿处直丝要向胸部推弹0.3cm或0.5cm（肩点下10cm至腰节处）；归烫时熨斗应由袖窿推向胸部。

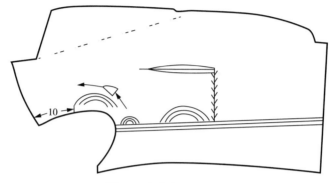

图3-87　归拔中腰及袖窿处

3. 归烫底边、大袋口及摆缝（图3-88）

（1）把底边弧线归直，胖势向上推向人体的臀围线处。大袋口的胖势向下归烫。这样上下反复归烫，直到烫匀。

（2）把腰节线以下摆缝胖势向袋口方向归烫。要求摆缝处丝缕直顺、袋口胖势匀称。

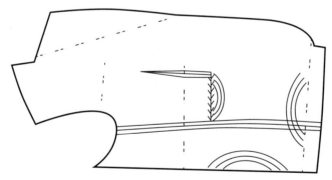

图3-88　归烫底边、大袋口及摆缝

4. 归拔肩头部位

熨斗将肩头横丝向下推弹，使肩缝呈现凹势，将胖势推向胸部。

衣片经过推门之后，要求左右前片对称，必须冷却。若面料是结构比较紧的毛织物，必须经过二三次的归拔，才能达到预期的效果。归拔后要达到图3-89的要求。

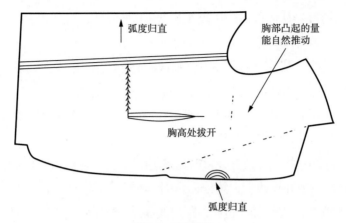

图3-89　归拔肩头

（五）敷挺胸衬

将挺胸衬的驳口线处修直。衣片反面向上，黑炭衬向下，放在衣片上，衬的驳口线比衣片驳口线进去1cm，胸省位对准，扎五道扎线（图3-90、图3-91）。

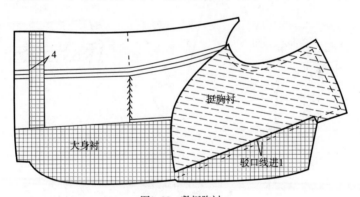

图3-90　敷挺胸衬

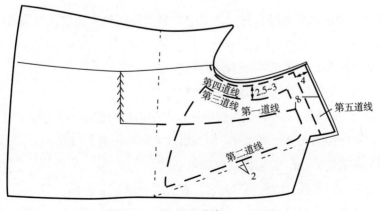

图3-91　扎线

（1）扎第一道线：从内外肩的中点距肩线8cm处起针，对准省尖扎，到腰节线止。第一道线要求直，将面衬固定，约3cm一针。

（2）扎第二道线：从内外肩的中点距肩线8cm处起针，沿着距离驳口线2cm扎到胸衬边缘止，扎线时将袖窿处垫高。

（3）扎第三道线：从内外肩的中点距肩线8cm处起针，沿着距离袖窿边2.5～3cm，再沿胸衬下将胸衬与前片扎牢，扎线时要将驳口线位置垫高。

（4）扎第四道线：将衣片放齐，紧贴袖窿边0.5cm处，从距肩线4cm处起针，到袖窿腋下止，扎的针距较前几道线密，约1.5cm一针。

（5）扎第五道线：从内肩点起针，距肩线4cm，到外肩点止针。第五道线扎好后，将毛出的黑炭衬修到比衣片大0.3cm。

（六）开手巾袋

开手巾袋步骤如下（图3-92）：

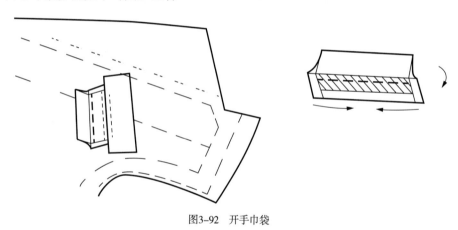

图3-92　开手巾袋

（1）按手巾袋净样剪黑炭衬一片（横丝）。

（2）在手巾袋反面粘上黏合衬，注意手巾袋所用面料为横丝，如条格面料必须与大身对条格。

（3）在上口处用大针脚将黑炭衬净样固定。

（4）烫袋爿，并将袋爿的下口修剪整齐。

（5）在袋爿下口划一条净缝线，按净缝线将手巾袋与袋垫缲在左前片手巾袋位上。一定要保证袋爿丝缕同大身丝缕相符。两条缲线之间的距离为0.8cm或1cm。缲袋垫时应按袋口大两头各缩进0.3cm，以防开袋时袋角毛出。

（6）将过道中间剪开，两头剪三角形，在袋爿一侧接上袋布。

（7）先分烫袋垫止口，将衬布与面料分烫，分缝两侧，压0.1cm止口，缲线后分烫袋爿止口，将袋爿与大身面料分烫，把袋布翻转里面，袋布与袋爿分缝摆平，在缝中漏落缝。两层袋布兜缉一周。

（8）封袋口：平缉双止口，间距0.6cm或缲暗针封袋口。

（9）熨烫手巾袋：将手巾袋放在布馒头上，正反两面进行熨烫。熨烫时要注意手巾袋袋位处的胸部胖势，烫后将袋布定在衬头上。

（七）开大袋

1. 贴袋口衬

在开袋位置反面粘上无纺黏合衬。

2. 做袋盖

（1）袋盖布料的条格与大身的条格相符，按袋盖净样上口放缝1.5cm，周围放缝0.8cm，把多余的缝份修净。袋盖里布按面布再修去0.3cm，作为袋盖的里外匀窝势（图3-93）。

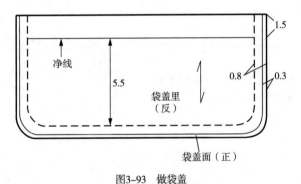

图3-93　做袋盖

（2）把袋盖面和袋盖里正面相对车缉，缝份0.8cm，缉圆角时，袋盖里要拉紧以防袋盖翻出后袋盖角外翘。

（3）将缝合好的袋盖缝份修剪到0.3cm，注意圆角处缝份略微窄些，使袋盖圆角圆顺，不出棱角，然后烫平。要求袋盖里止口不可外露，止口顺直。袋盖做好后要将两块袋盖复合在一起。检查袋盖的规格大小及丝缕，前后圆角要对称。

3. 烫袋口牵条

嵌线布的反面要放牵条，以增强嵌线布的厚度。牵条可用黏合衬。

4. 开袋口

（1）按袋口大缉嵌线，袋口上下各缉0.4cm。要求两条缉线平行顺直，然后分烫上下嵌线。再用手针将上下嵌线扎牢固定。要求双嵌线条子顺直，上下宽窄一致。

（2）检查左右两袋口大及条格是否一致。剪袋口三角时不要把嵌线的缉线剪断，以免袋角起毛。嵌线翻转后，袋角要方正、平服，将袋角两头三角及上下嵌线一起封牢。

5. 装袋盖、缉袋布

将袋垫布与大袋布A相连接。将大袋布B接在下嵌线上，将袋盖塞入袋口嵌线内，袋盖宽窄、条格一致，左右对称；然后用漏落缝缉线在上袋口嵌线之中，注意缉线只能漏落到缝道内，不能缉到面料上。袋角两头打结封牢，缉缝袋布。

6. 大袋整烫

烫大袋时要注意将大袋口一半放在布馒头上熨烫，以防大袋胖势被烫平；烫大袋盖时，袋盖下要放一层纸板在下面；注意袋角方正、平服，袋盖圆角窝服。

7. 袋口扎牢

用三角针把袋口扎牢。

（八）做内袋

（1）合挂面和里料。

（2）烫挂面与里料拼缝，确定内袋位置，袋口离驳口线至少3～4cm，离袖窿至少3～4cm，袋口大12～14cm（图3-94）。

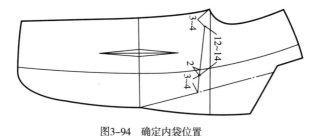

图3-94　确定内袋位置

（3）在开袋里布反面粘上黏合衬，在嵌线布上粘上无纺衬，里袋嵌线布用直丝面料制作。

（4）将嵌线布与袋口线相对，缉线一周，然后用剪刀从袋口缉线中间剪开，把上、下袋口嵌线折进，嵌线宽0.4cm。

（5）装三角盖。三角盖折烫好后，居中插入上下嵌线之间，沿袋口四周0.1cm缉此固定三角盖（图3-95）。

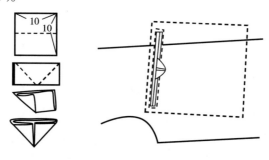

图3-95　装缉袋布

（6）装辑袋布。将里袋布B接下嵌线，里袋布A接袋垫布后接上嵌线，上下两层袋布放平整后，缉缝袋布。

（九）敷挂面

（1）扎上下袋布：手巾袋扎住针刺棉，大袋布扎住有纺衬，注意不要扎穿面料（图3-96）。

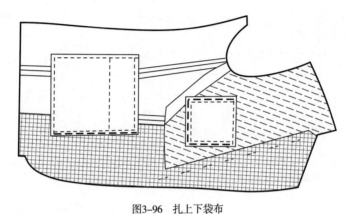

图3-96　扎上下袋布

（2）将衣片正面向上，铺平，里料与衣片正面相对，将挂面与前片扎牢（图3-97）。

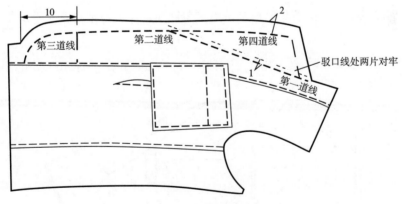

图3-97　扎牢挂面与前片

扎第一道线：驳口线处两片对牢，离驳口线1cm以内扎一道，要求挂面有一点松度。

扎第二道线：从第一粒扣开始，距止口2cm处扎一道，到距离底边10cm处止针，扎时要求内外两片放平。

扎第三道线：从距底边10cm处起针，扎挂面圆摆，要求外松、挂面紧。

扎第四道线：从驳口线处起针，距边2cm扎一道，要求驳头向衣片方向卷曲。

（3）衣片反面向上，划好挂面净缝线，从领缺口处开始缉缝，到挂面下边止。里料不要缝住。

（4）修剪搭门和挂面缝份。搭门修缝份到0.5cm，挂面修缝份到0.8cm，让驳头翻过来以后，驳头的边有一个缓冲，而不是突然厚起来的。

（5）从第一颗纽位开始，将缝份向衣片反面折转，翻过缝线一线，扎挂面边，针距约1cm，不要把正面扎穿，只可挑住黏合衬的几根丝。驳头处缝份可扎可不扎，如果要扎住，不要翻过线。缭止口是为了防止止口缝份移动，所以应采用斜形针法（图3-98）。

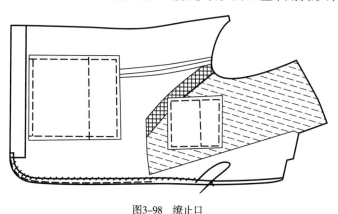

图3-98 缭止口

（6）把所有固定挂面的线拆掉，翻转熨烫挂面到第一颗纽位，烫驳头处，衣片在上，使驳头自然翻出。

（7）翻起里布，将挂面与里料缝份用三角针固定在大身粘衬，从手巾袋下部位置开始缝。

（8）将驳头按翻转线折转、扎牢，从距串口7~8cm至距第一粒扣10cm处止（图3-99）。

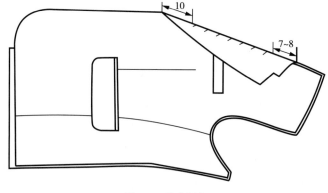

图3-99 扎牢驳头

（9）暗拱圆角止口。止口拱针是将西服挂面在上眼位至底边这段距离与衬头固定。拱针采用本色线，挂面针脚应尽量小，拱针不可拱穿前身面料，拱针距止口0.6cm，针距0.8cm左右。

（10）在距挂面与里料拼缝3cm处做拱针，从内袋口上10cm始，至内袋口下10cm止。用同色单股线做拱针，正面不能露出针脚。做拱针时，左手放在下面，当手指感到针尖时，针头即向上挑。拱针目的是要将里面的缝份固定，使挂面下部向里包（图3-100）。

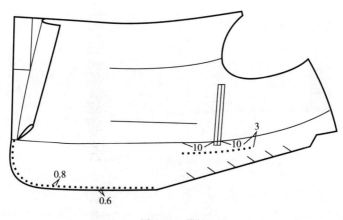

图3-100　拱针

（11）固定胁省：掀起里料，将胁省缝与衣片胁省缝扎牢（图3-101）。

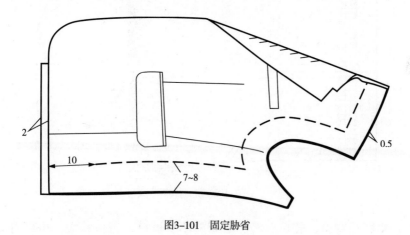

图3-101　固定胁省

（12）将前衣片与里料扎牢。

（13）修剪里料，比面料大0.3～0.5cm，下摆里料比衣服净缝线长2cm。

（十）做后背

（1）贴袖窿牵条和下摆衬：为了使后背袖窿处平服，防止后背袖窿拉还，在袖窿处要贴牵条，牵条宽2.5～3cm，长10～12cm，从外肩点沿袖窿贴下；在下摆处贴上有纺衬（图3-102）。

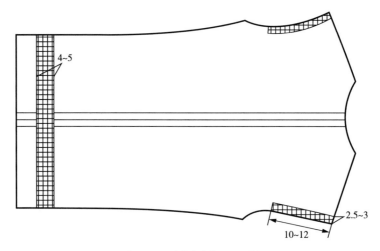

图3-102　贴袖窿牵条和下摆衬

（2）拼后背缝：按线丁标记缉缝后背缝，注意线丁对位；缉完后将背缝劈烫，并对后背进行归拔；对肩线、袖窿、臀部进行归拢，腰节处拨开（图3-103）。

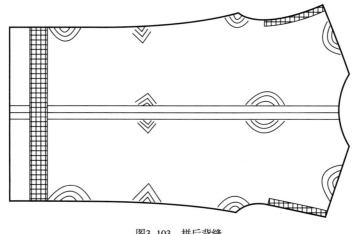

图3-103　拼后背缝

（3）合里料后背缝，烫后背缝：后背缝不要劈烫，若里料大，可以将后背缝处折小。

（十一）前后身连接

（1）合摆缝，合肩缝：注意线丁对位，合肩缝时黑炭衬不要缝牢。

（2）摆缝缝合后劈烫开，肩缝也劈烫开，烫肩缝时小心领口拉大。

（3）将黑炭衬与后背肩缝缝住。

（4）接里料的摆缝和肩缝，并将缝份烫向后片。掀起后片里料，将里料的摆缝与大身的摆缝扎牢。袖窿下和下摆上各留10cm不要扎牢。扎线不要抽紧。

（5）根据线丁折烫下摆，折烫里料，使其距底边1cm左右。

（6）固定面料底边。用本色单股线以回针法固定面料底边，针脚长2～3cm，距底边3cm。固定时，正面要求看不出针脚，只扎牢有纺黏合衬。

（7）将面、里料的下摆放平，距里料的下摆边1cm以上，将面和里的下摆扎在一起。

（8）掀起里料折边，用暗缲针把面、里的底边固定住。挂面与里料接缝的下摆处，用三角针使其与下摆折边固定（图3-104）。

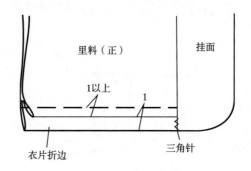

图3-104　缝下摆

（9）将后背面与里放平，将里料与面料扎牢（图3-105）。

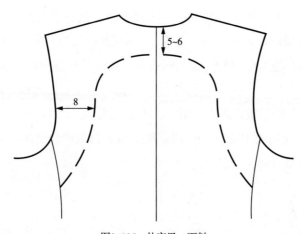

图3-105　扎牢里、面料

（十二）**装领**

（1）用领净样与领圈核对，看是否与领圈相符。

（2）修整领面：领面用横料，按净样打线丁，后领中打上眼刀。缝份如图3-106所示修准。

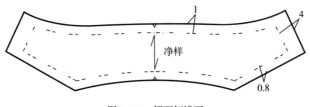

图3-106　领面打线丁

（3）领面粘上无纺黏合衬（也可不粘）。把领子下口拔开一些，避免装领后吊紧。

（4）将里料与面料的领窝处用倒针扎牢，线与面料保持平整，不要拉紧（图3-107）。

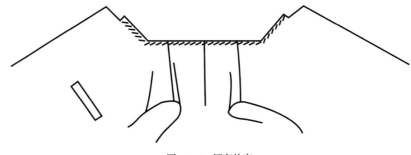

图3-107　领窝扎牢

（5）在挂面的领口处划出净缝线，并修剪领圈缝份，使缝份宽窄一致。

（6）连串口：衣身在下，领片在上，连接串口。做好后检查两边领缺口是否一样长。在衣身一面的领缺口处剪一刀，注意不要剪到线；然后将黑炭衬剪掉，针刺棉不要剪掉，将衣身领口缝合针刺棉一起倒向衣服方向，领片缝份倒向领片，劈缝烫。

（7）修剪后领毛缝，将里料修得和面料一样大小，左右肩缝修剪得一样长。

（8）将串口以上的下领口折边，用明线装在领圈上。

（9）把领底呢与领面中心对准，领底呢上口离领面净缝线0.1～0.2cm，离领底呢上口0.2cm踏线（图3-108）。

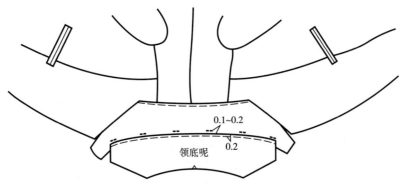

图3-108　缉缝固定领底呢与领面

（10）按净缝线将领底呢折过来，用线扎牢，做出里外匀窝势。修剪领底呢下口，但要使领底呢下口能盖住衣片的毛缝，串口要能盖住衣片的毛缝，然后下口也用线扎牢（图3-109）。

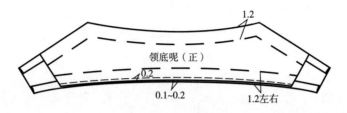

图3-109　扎领底呢

（11）量准领缺口的三个尺寸，并使两边对称，领面缺口处翻转部分剪平剪齐，用手针扎牢。

（12）掀起领角折上来的面料，从领角处开始花绷，用单线绷，目的是把缝纫线盖住，既美观还能防止领底呢毛出来；再将领角折上来的面料也用花绷针与领底呢绷牢（图3-110）。

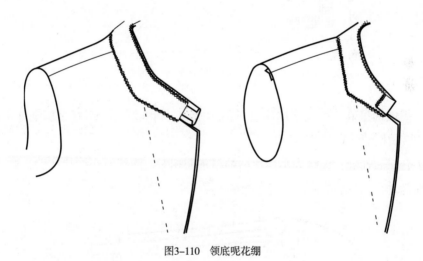

图3-110　领底呢花绷

（十三）做袖

（1）归拔袖片：前袖缝朝向自己，喷水后把前袖缝、袖肘线处凹势拔烫，注意归拔时熨斗不宜超过偏袖线；前袖缝、袖山深线向下10cm处略归烫，后袖山高处向下10cm处略归（图3-111）。

图3-111　归拔袖片

（2）合缉前袖缝：将大小袖片正面重合，摆齐缉缝，劈缝烫；沿线丁黏合袖口衬；按净缝位折烫袖口边（图3-112）。

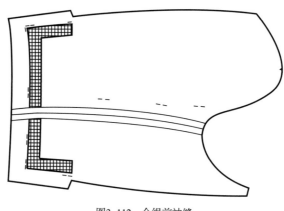

图3-112　合缉前袖缝

（3）缉烫袖里缝：将大小袖片里料正面相对，缉线顺直，缉好之后把缝份朝大袖片一面扣转烫倒缝份。

（4）合缉后袖缝：先将大小袖片后袖缝正面相对，缉线时小袖片在上，贴边摊平；分烫后袖缝时，先在小袖片袖衩转弯处剪刀眼，然后分烫（图3-113）。

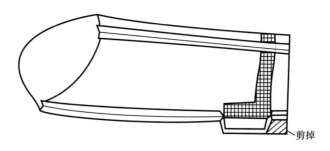

剪掉

图3-113　合缉后袖缝

（5）缲袖衩：将小袖片袖贴边翻上，按袖口大把袖衩烫煞，注意左右袖口大小一致，然后用本色线按锁眼方法将毛边同袖贴边锁牢。

（6）装袖里：袖面料与里料相对，袖缝相对绲缝；绲好后将袖贴边与袖口贴衬，用三角针绷牢，拉线要松，以防袖口正面露出针迹。

（7）定袖里：将袖里料翻出，在袖口处的袖里料要预留1~2cm挫势，扎线一圈，再将袖里料挫势烫平服；然后把袖子前、后袖缝同里料的前、后袖缝相对，用线扎牢，针脚2cm一针，针脚要松；注意靠袖窿7cm处不要扎牢，以利于绱袖。

（8）收袖山吃势：从前袖缝经袖山至后袖缝以下3cm左右，单线直针密纳两道线，第一道纳线离毛缝0.3cm，第二道纳线离毛缝0.6cm，收吃势要均匀圆顺，抽线吃势约3cm，抽好吃势后将袖山放铁凳上烫圆，熨斗不要烫过袖山线，以免袖山变形（图3-114）。

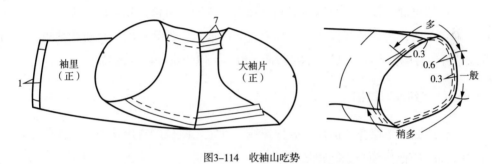

图3-114　收袖山吃势

（9）在离袖底弧线及袖山弧线以下10cm处，将袖子的面与里扎住（图3-115）。

（10）翻转正面，将袖子整烫好，袖口边以上15cm左右烫死。

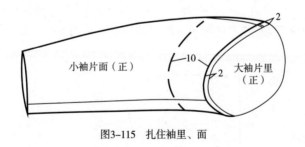

图3-115　扎住袖里、面

（十四）装袖

（1）将袖山、袖标对准装袖位置后，用线定扎一周，定扎时袖子放上层，袖子毛缝和袖窿毛缝对齐。袖窿固定后，翻过来穿在衣架上，检查袖子是否符合质量要求，袖山要求圆顺饱满，袖子前后位置约为能盖住大袋口的1/2为标准。

（2）袖窿绲线。从袖窿下面起针，兜绲一圈，绲线要顺直，不可有弯曲凹凸现象。绲到肩缝时垫袖山头衬，用斜丝黑炭衬，长6cm、宽2.5cm。

（3）在袖子一面的袖窿缉线上再装上宽约为5cm、长约为39cm的双层针刺棉。

（十五）装垫肩

（1）垫肩按前肩短、后肩长，一般以1/2片段1cm部分为前肩，余者为后肩。垫肩中间外口离出缉线1.5 cm。用双股线把垫肩同肩缝衬头固定。

（2）将袖窿翻转上面，垫肩放下面，使垫肩保持窝势，然后把垫肩同袖窿缝份扎牢，注意扎线不宜过紧，以免影响肩头翘势，或正面袖窿出现针花痕迹。

（3）定肩头袖笼里子，缲袖里。将大身翻转挂在衣架上，定袖窿里子。线不要抽得太紧，针脚为1cm。

（4）把袖里缝份扣倒，用攘线把袖里袖山头按面子对档攘到袖窿上去。袖里定好以后，翻转正面，用手托起检查袖里是否有起吊现象。然后再用本色线缲袖里，从袖底起缲暗针，针脚为0.3cm一针。不可将面子缲牢，以免影响外观效果。

（十六）锁纽洞、钉扣

（1）男西服的眼位在左前片。眼位按线丁确定。眼位的进出按照搭门线朝止口方向移出0.3cm。按圆头锁眼法锁扣眼。

（2）钉扣一般在整烫完毕以后进行。先做好钉纽标记，纽扣的高低、进出位置要与纽眼相符。钉纽扣用双股粗丝线，钉纽线两上两下。纽脚长可按面料厚薄作相应增减。纽结要绕实，要绕均匀。线结头不能外露，要引入夹层中间。轧纽纽结长一般为2.5cm。

（3）袖口定纽位置如图3-116所示，按钉装饰扣方式钉扣。

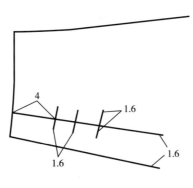

图3-116　袖口钉扣位

（十七）整烫

整烫之前先把西服上的扎线及其他辅助线全部拆掉。

整烫顺序：里子→袖子→肩缝→前肩→胸部→腰及袋口位→摆缝→后背→底边→前身止口→驳头→领子。

六、评分标准

（1）选用面料合理（10分）。

（2）驳头平顺，驳口、串口顺直，两领角长短一致，里外匀恰当，窝势自然（20分）。

（3）两袖长短一致、左右对称，装袖圆顺，前后一致（10分）。

（4）门襟左右对称、长短一致，纽位高低对齐（10分）。

（5）袋位高低一致，左右对称（10分）。

（6）里料、挂面及各部位松紧适宜、平顺（10分）。

（7）线迹平整，无跳线、浮线，线头修剪干净（10分）。

（8）规格尺寸符合设计要求（10分）。

（9）成衣整洁，各部位熨烫平整（10分）。

实训18　女大衣制作工艺

　　女大衣是女性冬季常穿的服装款式，在服装廓型、领、袖、门襟等局部以及宽松度、长度上都可以有较丰富的款式变化。在这个实训项目中，选择插肩袖女大衣工艺进行讲授。此款女大衣的款式特征为平驳领、单排两粒扣、前片有两个斜插袋，平下摆，腰间有一腰带，袖子为两片插肩袖，里料为全托式。女大衣款式如图3-117所示。此款女大衣款式虽然简练，但其制作工艺基本上包括了一般女大衣的制作要点，因此选用该款女大衣作为实验项目。

图3-117　女大衣款式图

一、实训项目概述

（1）实训内容：女大衣的制作工艺，主要内容包括纸样绘制方法、放缝方法、排料方法、工艺流程及缝制方法。

（2）实训目的和要求：通过女大衣制作工艺的学习，使学生掌握女大衣制作工艺的知识和技能。要求每位学生自行裁剪和制作女大衣1件。重点要求掌握内容如下：

①面料样板、里料样板、粘衬样板的缝份处理方法。

②面、里的排料和裁剪方法。

③女大衣的缝制工艺流程。

④插肩袖的制作工艺。

⑤袋卄袋的制作工艺。

⑥活里服装的制作工艺。

（3）知识要点：袋卄袋、插肩袖、活里。

（4）课时数：理论课时+实训课时，共计32课时。

（5）设备与工具：高速工业平缝机、黏合机、蒸汽电熨斗及缝纫工具。

（6）教学方式：课堂讲授、演示与巡回指导结合。

（7）前期知识准备：女大衣的结构设计。

（8）材料准备：

①面料：女大衣所采用的面料主要有纯毛及毛混纺面料，如粗花呢、人字呢、法兰绒、马海毛、羊绒织物、驼绒织物、花呢等。幅宽144cm，长度为衣长×2+袖长+10cm。

②衬料：衬使面料挺括而易于造型，女装以黏合衬使用较多，有有纺衬和无纺衬之分，无纺衬100cm，有纺衬150cm。

③里料：常用里料有美丽绸、醋酸醋纤维绸、尼龙绸、涤美绸等品种，可根据面料的材质合理选配。幅宽144cm，长度为衣长×2+5cm。

④辅料：配色涤纶线、配色大衣门襟扣子2粒，垫肩1付（可选）。

二、纸样绘制

女大衣的纸样绘制方法有多种，这里以日本文化式原型为例，介绍基础样板的绘制方法。需测量的尺寸有胸围、背长、袖长。先绘制原型，再根据款式要求在原型上进行纸样设计。

此款女大衣以女性中间体160/84A为例，成品规格见表3-7。前片、袖片纸样绘制方法如图3-118所示，后片、腰带的纸样绘制方法如图3-119所示。按上述结构图绘制得到女大衣的前片、后片、袖片、领片的净样板。

表3-7　女大衣成品规格表（号型160/84A）　　　　　单位：cm

部位	后中衣长	胸围	腰围	总肩宽	袖长	袖口宽
尺寸	106.5	102	102	42	54	15

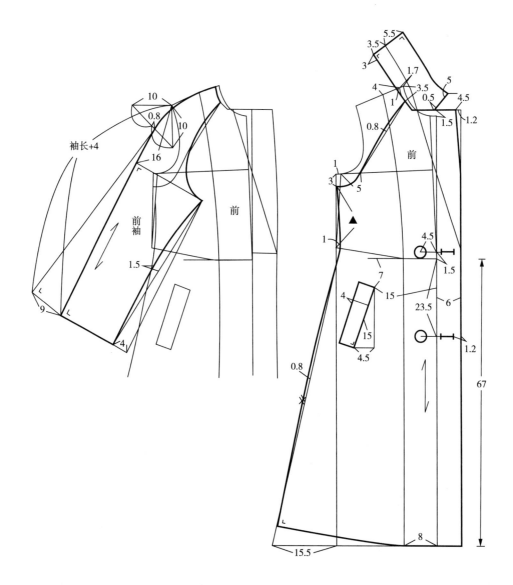

图3-118　前片、袖片结构图

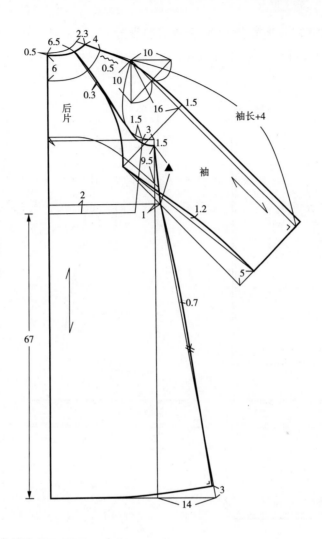

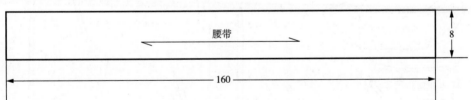

图3-119 后片、腰带结构图

三、放缝与排料

（一）放缝

女大衣的工业样板有面料样板、里料样板和衬料样板。在女大衣净样板的基础上，按照一定的规则放缝，分别得到这些样板。

女大衣的面料样板放缝方法按图3-120所示,有前衣片、后衣片、前袖片、后袖片、领面、领里、袋爿、袋垫布、后领贴、挂面、腰带。

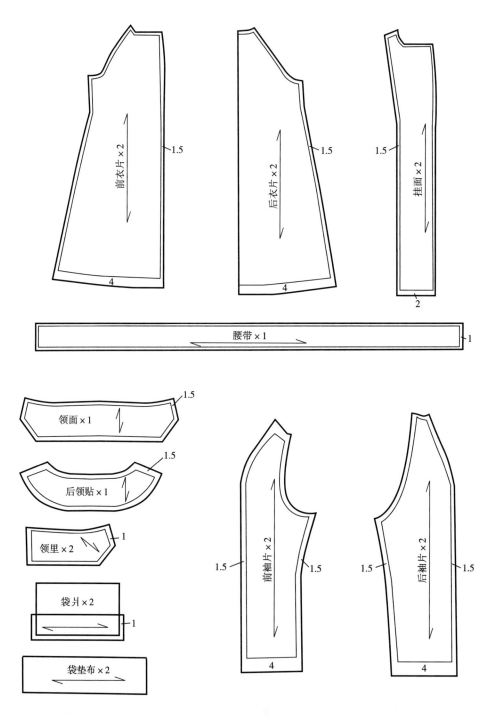

图3-120　女大衣面料毛样板

里料放缝方法如图3-121所示，有前衣片、后衣片、前袖片、后袖片。袋布毛样绘制方法如图3-122，上层袋布为袋布A，下层袋布为袋布B。袋布A和袋布B各裁2片。

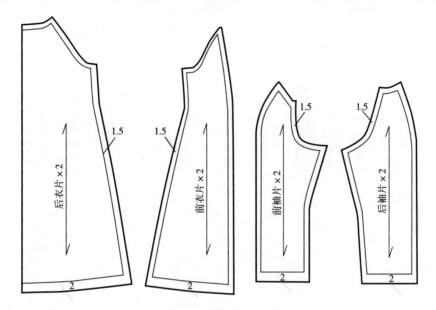

图3-121　女大衣里料毛样板

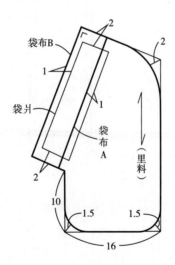

图3-122　袋布毛样板

衬料的配置方式如图3-123所示，其中前衣片大身衬，后背衬、下摆衬、肩部衬、袖口衬等用有纺黏合衬，挂面衬、领衬、领贴衬、袋爿衬用无纺黏合衬。注意衬料的样板应比面料毛板周边缩进0.3cm，以避免粘衬时，衬上的热融胶污染黏合机的传送带或烫台。

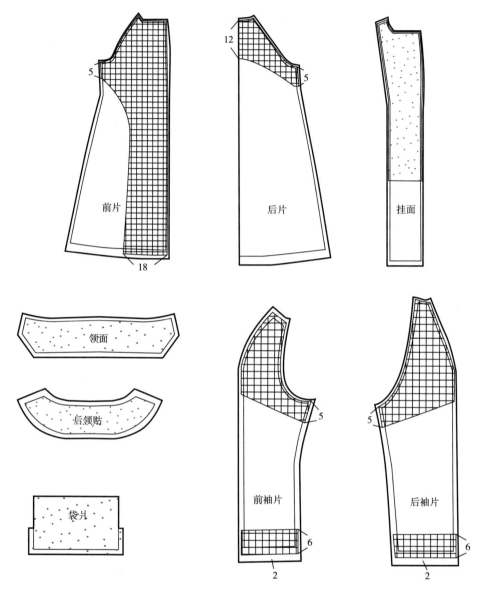

图3-123　女大衣衬料样板

（二）排料与裁剪

女大衣工艺要求较高，排料和裁剪时应注意的问题与女西服类似。

适合做女大衣的面料种类很多，面料的幅宽也有多种规格。在此选择常用面料幅宽72cm×2的"双幅"面料。按照毛样板上所标注的裁剪片数及纱向要求，将其排列在面料上，沿外轮廓线画样裁剪，如图3-124所示。

里料的排料方法如图3-125所示，幅宽144cm。

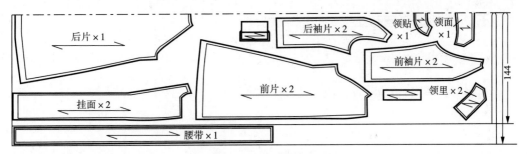

图3-124　女大衣面料排料图

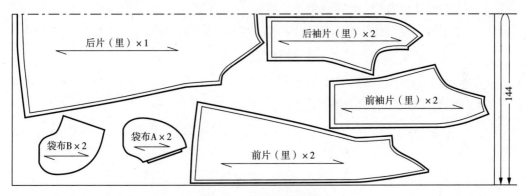

图3-125　女大衣里料排料图

四、工艺流程

女大衣工艺流程如图3-126所示。

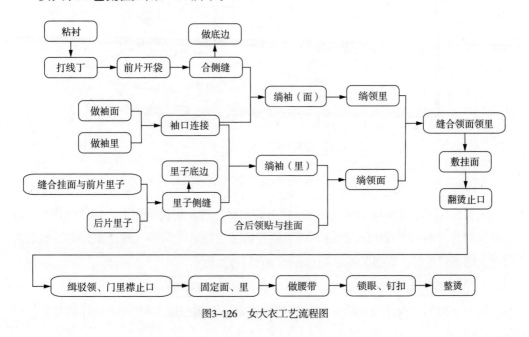

图3-126　女大衣工艺流程图

五、缝制步骤与方法

（一）粘衬

衬料可参考图3-123配置，使用黏合机黏合。

（二）打线丁

本款式采用有纺或无纺黏合衬，故与衬黏合的部位不宜打线丁，可采用合粉印的方法。需要打线丁或合粉印的部位如下：

（1）前衣片：驳口线、搭门线、纽扣位、袋位、底边、领嘴位、装袖对位点。

（2）后衣片：后领中、底边、装袖对位点。

（3）袖片：肩宽点、袖口边、装袖对位点。

（4）领片：领后中、领部各转折点。

（三）开袋

1. 烫牵条

烫上有纺衬的前片大身合粉印（或打线丁）后，在门、里襟止口、袖窿和翻折线等部位烫上黏合牵条，在袋口位反面烫上袋口衬，袋口衬用无纺衬，如图3-127所示。

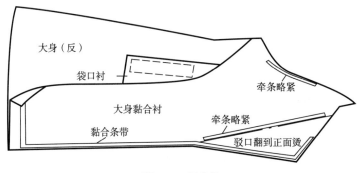

图3-127　烫牵条

2. 做袋爿

袋爿长15cm、宽4cm，四周放缝。袋爿烫上黏合衬，袋爿里在上，袋爿面在下，将毛缝口对齐，面和里按0.5cm缉缝。将缉缝好的袋爿翻转、烫平，注意里外匀，然后在袋爿正面缉双止口，缉缝0.15cm与0.9cm，如图3-128所示。

3. 开袋

袋爿正面与大身正面相叠，按袋口放准位置，车缉一道，缉缝0.8cm。袋垫布正面

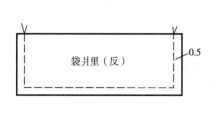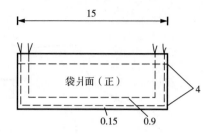

图3-128　做袋爿

与大身正面叠合，袋垫布一边毛缝与袋爿毛缝并齐，车缉一道，缉缝0.8cm。袋垫布缉线两头分别比袋爿缉线短0.3cm（图3-129）。

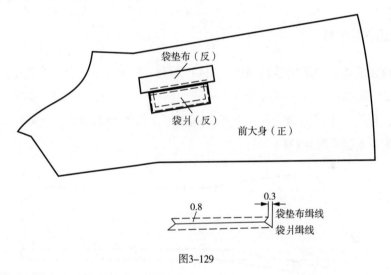

图3-129

4. 剪开口

两道缉线中间剪开，两端剪三角。不要剪断缉线，以免袋角起毛，但要剪足。

5. 接袋布

将袋爿缝和袋垫翻进袋口；袋爿缝向止口方向烫倒，再连接上袋布A；袋垫缝劈烫，将袋布B垫在下面，放准位置；再在正面分缝的两边各缉一道0.15cm止口，使袋布与分缝一起缉牢。

6. 压袋爿明线

将袋爿折转到正面，袋爿两端分别按袋爿止口缉线，来回封口两道。

7. 缝合袋布

将上、下袋布兜缉起来，缉缝1cm；再把袋布缉线熨烫平整，如图3-130所示。

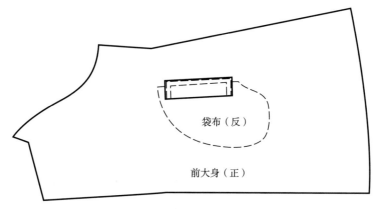

图3-130　缝和袋布

（四）做前片里料

（1）挂面滚边：滚条用里料制作，用45°斜料，毛宽2cm左右；滚条正面与挂面正面叠合，沿边缉线约0.5cm；滚条略带紧一点，缉线顺直；沿边留0.3cm修齐，将滚条驳转，密紧，包足，下面略带紧，以免滚条起涟形，按原缝缉暗针；不要缉住滚条，也不要距离滚条太远（图3-131）。

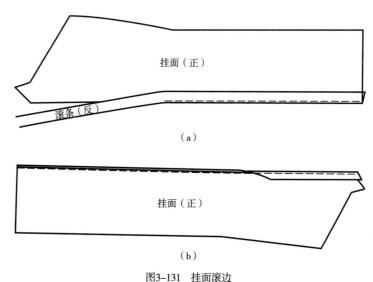

（a）

（b）

图3-131　挂面滚边

（2）将前片里料正面与挂面滚条口反面搭合1.5cm，用撬线定撬后翻过来，在原滚条缉的暗线上再缉一道，把挂面与前片里料缝合；然后熨烫使滚条平薄（图3-132）。

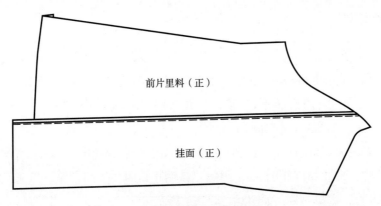

图3-132 缝合挂面与前片里料

（五）做后衣片

在后衣片袖窿上段1/2处和领圈处烫上牵条（图3-133）。

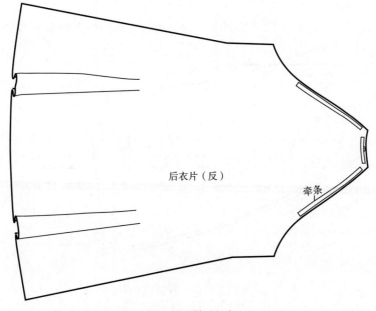

图3-133 做后衣片

（六）合侧缝

（1）将前片面料侧缝和后片面料侧缝正面相对，沿净缝缉缝，缝份劈烫。

（2）将前片里料侧缝和后片里料侧缝正面相对，沿1cm缉缝，缝份留出眼皮后向后身烫倒。

（七）做底边

1. 装底边滚条

（1）底边滚条用里料的45°斜条，毛宽3.5cm。先将底边毛缝口修齐，斜条正面和底边正面叠合，沿底边0.5cm缉线，底边两头各伸进两端挂面处2cm。缉缝时斜条略带紧，缝线要顺直，如图3-134（a）所示。

（2）把斜条按缉线驳转，沿滚条边沿压0.1cm止口；再将斜条按1cm宽向反面折转，压0.1cm明止口，双止口间距0.8cm；缉第二条明止口时，下略带紧，以防滚条起涟形；滚条缉线要顺直，宽窄一致，如图3-134（b）所示。

（3）缉压滚条后，需在滚条反面略拔烫，使贴边翻转平服，不会扳紧。烫平后，沿底边滚条止口0.8cm用本色搽线将滚条毛边与底边口搽牢，针距大小1.5cm/针，不要搽穿正面滚条，如图3-134（c）所示。

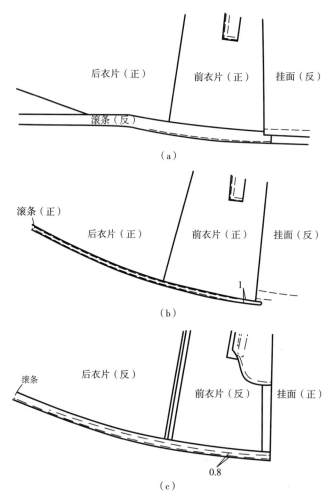

图3-134 装底边滚条

2.定底边

底边滚条擦好后，烫平；把底边按线丁翻上，用擦线沿滚条0.3cm擦牢；然后按擦线将滚条翻开，用本色线长针暗缲，正面不能露针脚，以免影响外观；再盖水布将底边烫平，如图3-135所示。

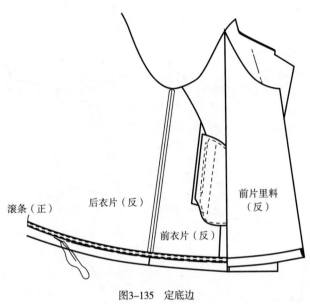

图3-135 定底边

3.扣里料底边

将里料的底边向反面扣转1cm，然后再扣转3cm，这样，里料底边与面料底边相距2cm；扣转后烫平，缉0.1cm止口，缉线要顺直、平整，如图3-136所示。

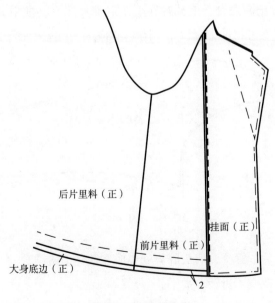

图3-136 扣里料底边

（八）做袖

（1）袖片归拔和敷牵条：前袖片袖底缝中段略拔开，袖中缝肩端敷上牵条，牵条要紧一些，使之归拢；后袖片袖中缝和袖底缝中段适当归拢，在袖中缝肩头敷上牵条，使之归拢（图3-137）。

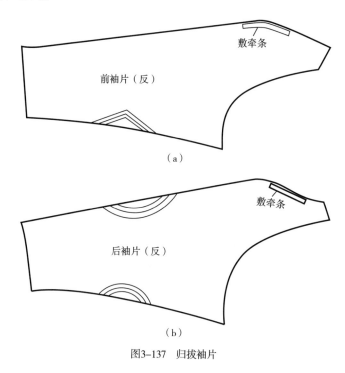

图3-137　归拔袖片

（2）将前后袖片正面叠合，前袖片在上，后袖片在下，袖中缝对齐，沿净缝线把袖中缝缝合，缝合时不可将袖中缝拉还（图3-138）。

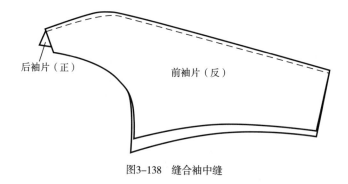

图3-138　缝合袖中缝

（3）袖中缝缝合后，劈烫，肩头胖势处要放在铁凳上烫圆顺。

（4）将袖口贴边按线丁折转，烫平。

（5）将前后袖片的袖底缝正面叠合后缝合，劈烫（图3-139）。

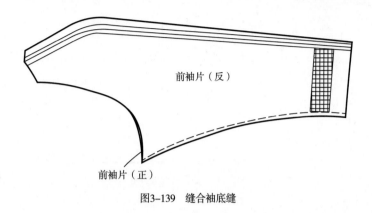

前袖片（反）

前袖片（正）

图3-139 缝合袖底缝

（6）将前后袖片里料的袖中缝和袖底缝同面料一样地缝合，然后向后袖片方向烫坐缝（图3-140）。

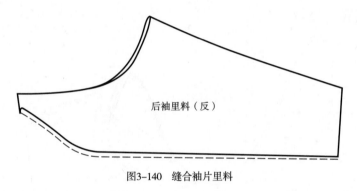

后袖里料（反）

图3-140 缝合袖片里料

（7）将袖片面料套进袖片里料中，正面叠合，袖中缝和袖底缝处要对准；再将面、里的袖口贴边毛缝绱合，绱缝1cm；然后，按袖贴边宽度折转，用本色线缝三角针，固定袖贴边（图3-141）。

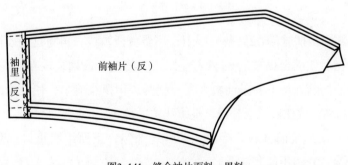

袖里（反）

前袖片（反）

图3-141 缝合袖片面料、里料

（8）将袖子翻到正面，袖口处里料放坐势1cm，定撬好；袖窿以下10cm处用撬线定撬一周，然后将里料袖窿与面料修齐，肩部除外（图3-142）。

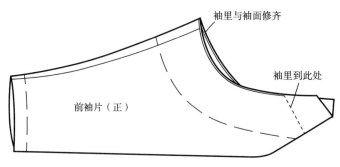

图3-142　修齐袖里与袖面

（九）绱袖

（1）将袖片和衣片的绱袖对档对准，毛缝对齐，袖底缝对准侧缝，先用攘线固定，然后沿净缝线缝合（图3-143）。

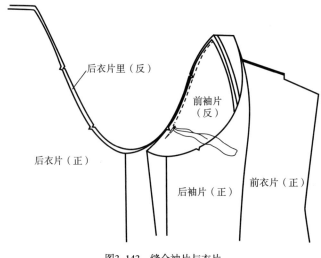

图3-143　缝合袖片与衣片

（2）在前领圈至摆缝的1/2处剪一眼刀，不要剪断绱线；再将这一段袖缝放在铁凳上劈缝烫平；在后领圈至摆缝的1/2处剪一眼刀，将这一段袖缝放在铁凳上劈缝烫平；然后在劈烫开的袖缝处垫上斜条面料，在分缝两边用攘线缝牢，使分缝固定；将前后衣片的下半段袖缝，放在铁凳上轧烫，把绱线烫平整。

（3）在前后袖片装袖缝的上半段，即坐缝部位，正面压明止口，明止口宽度为0.5cm，绱线顺直，止口不能起涟形。

（4）垫肩肩端与袖子肩端吻合，按垫肩中线对折的位置与袖中缝分开缝的后袖缝定扎一道；然后翻到正面，将肩部搁在铁凳上，沿垫肩边缘用攘线定好；再翻到反面，用本色线将垫肩边沿与衣片缭牢，正面不能有针迹。

（5）里料装袖按面料装袖方法，缝合后向袖片方向烫倒。

（6）将后领贴与挂面正面相对，肩缝处边沿对齐，沿净缝缝合，劈烫缝份，将后领贴下口包滚条,方法同挂面。再按前片里料与挂面的缝合方式缝合袖片里料和后领贴。

（十）装领

（1）归拔领里、领面：先将领里后中缝合缉后烫分开缝，在领面衬和领里反面画出翻领线，将后领下口线位置拔开，翻领线位置归拢。

（2）将挂面和大身的串口线画好，挂面和大身的串口线应与领串口长短一致。

（3）领里的串口与大身串口对齐，用搀线搀缝后缝合。要求严格对准驳角缺嘴和驳口线的对位点，不能有误差，否则领驳角就会起皱。领里与大身两边的串口缝合后，在大身串口线与领窝线的转折处，即缉线尽头，剪一眼刀，再把领里和大身的串口缝劈烫。

（4）将领里的后领下口线与大身领窝，用搀线搀缝，定搀时要将领中缝对准领窝后中对位点，领与袖中缝的眼刀对准；然后缝合，缉缝1cm，缉线顺直；领里后领下口线装好后，凡是扳紧处要剪眼刀，但不可剪断缝线；再劈烫装领缝份（图3-144）。

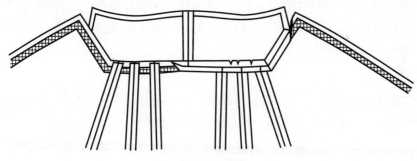

图3-144 装领

（5）领面串口与挂面装配方法和装领里串口相同。领面的后领下口线与大身里料装配的方法与装领里后领下口线基本相同。装好后，凡是扳紧处要剪眼刀，再烫分开缝，注意串口不可烫还。

（十一）合领面、领里

将领面与领里正面相对，用搀线定搀缝合。领面领角处放适当吃势，使领角有里外匀窝势。两角要注意对称。定搀后，领面在下，领里在上，沿净缝线缉缝。领面与领里缉缝后，将领里留缝0.5cm，领面留缝0.8cm，修剪整齐。领角处可适当少留些，以便领角翻平整。然后将止口缝头劈烫（图3-145）。

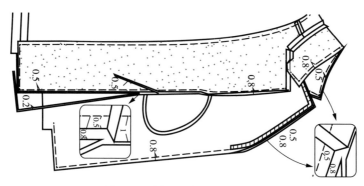

图3-145　合领面、领里、修剪缝份

（十二）做门襟止口

1.缝合门襟止口

挂面与大身正面叠合，挂面在上，驳头挂面上口与外口各伸出0.6cm。先在驳口线撬一道线。再从驳头缺嘴处起针撬线。驳角处放适当吃势，止口底边处挂面略带紧。

2.修剪缝份

将衣片翻过来沿净缝线缉缝止口。缉线从驳头缺嘴处至底边，要求缉线顺直。缉线缝好后将缝份修小，挂面缝份修至0.5cm，大身缝份修至0.8cm，驳角和下摆角可修至更小，然后将止口缝头劈烫。

3.撬领

（1）抽掉撬线，将领子和门襟止口翻出，止口要翻足。用撬线将领止口撬定，撬线离领止口1cm，领面要坐出0.1cm，然后盖水布熨烫领子。

（2）将领头放平，领面在上，沿装领线偏进领面0.2cm，用撬线定撬一道。然后翻起衣片里料，把里、面的串口缝和后领底上下层用撬线定牢（图3-146）。

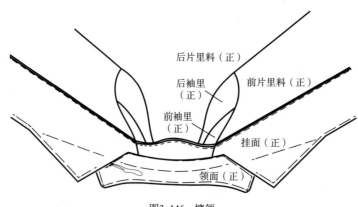

图3-146　撬领

4. 定攥门襟止口

驳头处挂面坐出0.1cm，门襟段挂面坐进0.1cm，攥线离止口1cm。驳头要攥实、攥顺。攥好后盖上水布用力压烫，烫平。再将驳头按驳口线驳转，攥线一道，攥出驳头的里外匀，然后将其烫挺（图3-147）。

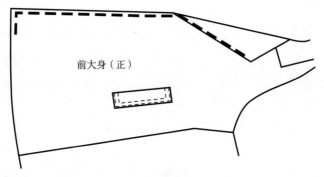

图3-147 定攥门襟止口

5. 攥挂面

将大身止口放平，沿挂面滚条定攥一道。然后将里料翻上，由挂面上口向下10cm至挂面下口向上10cm止，这一段的挂面滚条与大身衬缭牢，针脚不能缭穿正面（图3-148）。

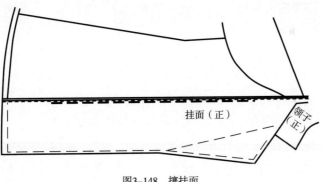

图3-148 攥挂面

（十三）缉压驳领和门里襟明止口

驳领的止口由门襟缉至里襟，缉时领面和挂面放在上层。门襟由上缉下，里襟由下缉上，缉时大身放在上层。明止口缉线分别为0.15cm和0.9cm。止口接线必须同轨。缉线要顺直、流畅。

（十四）固定面与里

（1）固定面、里的装袖缝。将衣服面料和里料的装袖缝反面叠合，用扎线扎牢。针脚4cm一针。

（2）固定摆缝。将摆缝里料反面的毛缝与面料反面的前衣片摆缝叠合，上下放准位置，用扎线固定。针距每针4cm，底边处留出10cm左右。

（3）大衣下摆在摆缝的贴边处，拉线襻，与里料吊牢。线襻长3～4cm。

（十五）做腰带

腰带长160cm，宽4cm。将腰带沿长度方向正面向内对折，沿净缝线将腰带缝成条状，在腰带中段任意位置留一个8～10cm口子不缝。缝合后将内缝分别修至0.5cm和0.8cm。4个角可以修剪得更多一些。将腰带翻正熨烫。将口子处折转包光，用本色线缲暗针，针距0.3cm/针（图3-149）。

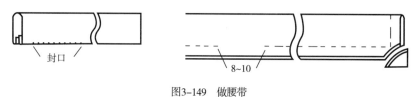

封口

8～10

图3-149 做腰带

（十六）锁眼、钉扣

在右前片门襟锁眼处锁眼，在左前片里襟相应位置钉扣。钉扣时要钉穿挂面，且须根据面料厚度绕出纽脚。

（十七）整烫

整烫顺序：肩头、袖子→后背与摆缝→前身→底边→驳领反面→驳领正面→烫里子。

六、评分标准

（1）选用面料合理（10分）。

（2）驳领平挺、窝服，左右对称，条格一致（20分）。

（3）两袖长短一致、左右对称，肩头窝服，袖子平整（10分）。

（4）门里襟平服，长短一致，丝绺顺直，纽位高低对齐（10分）。

（5）袋位高低一致，左右对称（10分）。

（6）里子、挂面及各部位松紧适宜平顺（10分）。

（7）明止口缲线顺直，无断线，无接线等现象，线头修剪干净（10分）。

（8）成衣尺寸符合规格要求（10分）。

（9）成衣整烫后内外美观，挺括、平服、整洁，各部位熨烫平整（10分）。

参考文献

[1] 孙兆全. 成衣纸样与服装缝制工艺 [M]. 北京:中国纺织出版社,2010.

[2] 中屋典子,三吉满智子. 服装造型学技术篇 Ⅱ [M]. 刘美华,孙兆全,译. 北京:中国纺织出版社,2004.

[3] 吴卫刚. 服装标准应用 [M]. 北京:中国纺织出版社,2002.

[4] 孙熊. 服装缝制实用技术 [M]. 北京:金盾出版社,1995.

[5] 纺织工业部教育司. 服装缝制工艺实习 [M]. 北京:高等教育出版社,1994.

[6] 全国中等职业学校服装类专业教材编写组. 服装缝制工艺 [M]. 北京:高等教育出版社,1997.

[7] 全国中等职业学校服装类专业教材编写组. 服装结构制图 [M]. 北京:高等教育出版社,1998.